U0087921

數學悠哉遊

許介彥　著

三民書局

國家圖書館出版品預行編目資料

數學悠哉遊／許介彥著.－－初版四刷.－－臺北
市：三民，2011
　　面；　公分
參考書目：面
ISBN 978-957-14-4170-2　（平裝）

1.數學－通俗作品

310　　　　　　　　　　　　　　　93021654

© 　**數學悠哉遊**

著作人　　許介彥
發行人　　劉振強
著作財
產權人　　三民書局股份有限公司
　　　　　臺北市復興北路386號
發行所　　三民書局股份有限公司
　　　　　地址／臺北市復興北路386號
　　　　　電話／(02)25006600
　　　　　郵撥／0009998-5
印刷所　　三民書局股份有限公司
門市部　　復北店／臺北市復興北路386號
　　　　　重南店／臺北市重慶南路一段61號
初版一刷　2005年1月
初版四刷　2011年9月
編　　號　S 313900
行政院新聞局登記證局版臺業字第○二○○號

有著作權‧不准侵害

ISBN　978-957-14-4170-2　（平裝）

http：//www.sanmin.com.tw　三民網路書店

前　言

　　本書是由 21 篇文章組成，其中的 16 篇是筆者在過去幾年間發表於國內期刊上的數學通俗文章；整本書的內容大抵不出離散數學及數論的範疇，介紹了這兩個領域的一些基礎知識，適合具中學數學背景的學生或社會人士閱讀。

　　著名小提琴家 Yehudi Menuhin 曾經提到學習樂器對任何人來說都可以是一種美好的經驗，學習者不一定要以成為演奏家為目標，因為學習過程本身即具意義；一項技藝的純熟精煉不僅可以提高一個人看待事物的標準，也讓人更具自信，更具面對挑戰的勇氣。這種說法同樣適用於數學，因為數學和音樂同樣包含著相當精緻的思想。我們的社會當然並不需要人人都成為數學家，不過如果每個人能多領會數學中的清明與理性，對我們的社會將有莫大助益。

　　藉著這次出版的機會，我將這些文章裡的所有字句重新審視與推敲，並對各篇文章的內容作了程度不一的改寫與擴充，因此本書收錄的文章與當初刊出時已有不同。

　　本書的出版要特別感謝三民書局劉董事長的支持及編輯團隊的用心。另外，我的爸媽在過去幾年間為我的健康付出了無數心力，我無以回報於萬一，謹將此書獻給他們。

許介彥

2004 年 10 月

數學悠哉遊

目 次

目　次

鴿子與籠子

當四隻鴿子飛入了三個籠子，一定會有某個籠子裝著不少於兩隻鴿子；這麼淺顯的道理似乎稱不上是數學上的「定理」，然而這確實是一個赫赫有名的定理，可以用來解決許多不簡單的問題。

當四隻鴿子飛入了三個籠子，關於籠中的鴿子數有什麼是我們可以肯定的嗎？我們除了可以肯定這三個籠子裡總共裝著四隻鴿子外，還可以肯定一定有某個籠子裡的鴿子數不少於兩隻，因為如果每個籠子裡的鴿子數都少於兩隻（也就是最多一隻），那麼三個籠子裡的鴿子總數最多只有三隻，不可能是四隻。

如果有 10 隻鴿子飛入了三個籠子呢？此時我們肯定一定有某個籠子裡的鴿子數不少於四隻，因為如果每個籠子裡的鴿子數都少於四隻，三個籠子裡的鴿子總數最多只有 9 隻，不可能是 10 隻。

以上觀念雖然簡單，在數學上卻出奇地有用；數學上將此性質稱作「鴿籠原理」(Pigeonhole Principle)。

 鴿籠原理

鴿籠原理：

當 k 個籠子裡總共裝著 $k+1$ 隻鴿子，其中一定有某個籠子裡的鴿子數不少於兩隻。

一般化的鴿籠原理：

當 k 個籠子裡裝有 n 隻鴿子，其中一定有某個籠子裡的鴿子數不少於 $\lceil n/k \rceil$ 隻。（$\lceil a \rceil$ 表示所有大於或等於 a 的整數中最小的整數。）

鴿籠原理在數學上常被用來證明某些東西存在的必然性，雖然原理本身看起來相當簡單而理所當然，實際應用上卻常讓初學者有知易行難的感覺；本文接下來將介紹鴿籠原理的幾個基本的應用。

先看個簡單的例子：從集合 { 1, 2, 3, 4, 5, 6, 7, 8 } 中任意選出相

異五數，這五個數中必有某兩數的和為9。為什麼？

如果我們將上述集合分割成如下四個部分：

$$\boxed{1, 8}\ \boxed{2, 7}\ \boxed{3, 6}\ \boxed{4, 5}$$

那麼每一部分所含的兩數的和都是9；由這四個部分中任意選出五個數，根據鴿籠原理，一定會有某個部分被選中至少 $\lceil 5/4 \rceil = 2$ 次；既然有某個部分所含的兩數皆被選中，五數中因此一定有某兩數的和為9。

一般而言，任意 $n + 1$ 個不大於 $2n$ 的相異正整數中必有某兩數的和為 $2n + 1$。

房間內的寒暄

某個房間裡有六個人（編號 1 至 6），每個人可能跟任何其他人握手（也可能全不握）。假設當他們離開時，第 i 個人曾經與 a_i 個不同的人握過手，$i = 1, 2, \cdots, 6$。以下我們將證明：必存在某兩數 i 與 j 滿足 $1 \le i \ne j \le 6$ 且 $a_i = a_j$，也就是說，這六個人中必有某兩人分別與相同數目的其他人握過手。

由於每人最多可和五個人握手，因此 $\forall i = 1, 2, \cdots, 6, 0 \le a_i \le 5$，但是 0 和 5 不可能同時出現，因為如果有人和其他五人全握過手，就不可能有人完全沒有跟其他人握過手；因此 a_i 可能的值其實只有五個（0 至 4 或 1 至 5），根據鴿籠原理，這六個 a_i 當中一定有某兩個的值相同。

三角關係

　　某個房間裡有六個人，這六人的任意兩人之間的關係若非互相認識就是互相不認識。以下我們將證明：這六人中存在著互相認識的三人或互相不認識的三人。

　　假設 A 為這六人之一；既然除了 A 之外的每個人和 A 的關係若非互相認識就是互相不認識，根據鴿籠原理，其他五人中「認識 A」與「不認識 A」這兩方中必有一方的人數大於或等於 $\lceil 5/2 \rceil = 3$。

(1)如果認識 A 的人數大於或等於 3；令認識 A 的三人為 B, C, D。

　(a)若 B, C, D 中有某兩人互相認識，則此兩人與 A 形成了三人互相認識的情形。

　(b)若 B, C, D 中沒有任何兩人互相認識，則 B, C, D 形成了三人互相不認識的情形。

(2)如果不認識 A 的人數大於或等於 3；令不認識 A 的三人為 B, C, D。

　(a)若 B, C, D 中有某兩人互相不認識，則此兩人與 A 形成了三人互相不認識的情形。

　(b)若 B, C, D 中沒有任何兩人互相不認識，則 B, C, D 形成了三人互相認識的情形。

　　因此在任何情況下，這六人中都一定存在著互相認識的三人或互相不認識的三人。

有理數與循環小數

數學上將可表為 a/b 的數稱為有理數 (rational numbers)，其中的 a 與 b 必須是整數而且 $b \neq 0$。舉例來說，$3 (= 3/1)$, $2.75 (= 11/4)$, $4.1\overline{6} (= 25/6)$ 等都是有理數。

一個有理數化為小數後的結果有沒有可能是一個不循環小數呢? 以下我們將證明答案是否定的，也就是說，當兩個整數相除 (除數不為 0)，其結果必為有限小數或是循環小數。

利用我們在小學學過的長除法可求得整數 a 除以整數 b 的各個小數位數，以 $3 \div 14$ 為例:

$$
\begin{array}{r}
.2\;1\;4\;2\;8\;5\;7\;1\;4\;2 \\
14\overline{)3.0\;0\;0\;0\;0\;0\;0\;0\;0\;0} \\
2\;8
\end{array}
$$

	$r_1 = 2$
②0 ／ 1 4	$r_1 = 2$
⑥0 ／ 5 6	$r_2 = 6$
④0 ／ 2 8	$r_3 = 4$
①2 0 ／ 1 1 2	$r_4 = 12$
⑧0 ／ 7 0	$r_5 = 8$
①0 0 ／ 9 8	$r_6 = 10$
②0 ／ 1 4	$r_7 = 2 = r_1$
⑥0 ／ 5 6	$r_8 = 6 = r_2$
④0	$r_9 = 4 = r_3$

令各階段所得的餘數為 r_i；由於每個階段的餘數皆小於除數，因此

$$0 \le r_i \le b-1, \forall i = 1, 2, 3, \cdots$$

如果 a 除以 b 的結果不是有限小數，那麼 $r_1, r_2, r_3, \cdots$ 是一個不含 0 的無窮數列，根據鴿籠原理，由 1 至 $b-1$ 這 $b-1$ 個數中，必有某數在此數列中出現了無窮多次（相當於無窮多隻鴿子，$b-1$ 個籠子的情形）。

假設 $r_i = r_j$ ($i < j$)，則在 r_i 至 r_{j-1} 間由長除法求得的商的位數將無窮盡地循環下去，由此可知所得的商一定是循環小數。

密集訓練

某位選手在為期 20 天的集訓中出賽的次數不多於 30 場，而且每天至少出賽一場。以下我們將證明：在這 20 天內，這位選手必定會在某連續幾天中出賽了不多不少正好 9 場。

假設 a_i 表示此選手從第一天到第 i 天（含第一天與第 i 天）總共參加了多少場比賽；由於每天至少出賽一場，因此數列 $a_1, a_2, \cdots, a_{20}$ 是一個嚴格遞增數列，而且

$$1 \le a_i \le 30, \forall i = 1, 2, \cdots, 20$$

由此又可推知

$$10 \le (a_i + 9) \le 39, \forall i = 1, 2, \cdots, 20$$

而且 $(a_1 + 9), (a_2 + 9), \cdots, (a_{20} + 9)$ 也是一個嚴格遞增數列。

考慮以下 40 個正整數：

$$a_1, a_2, \cdots, a_{20}, (a_1 + 9), (a_2 + 9), \cdots, (a_{20} + 9)$$

這 40 個數都不大於 39，根據鴿籠原理，這 40 個數中一定有某兩數的值相等（相當於 40 隻鴿子，39 個籠子的情形），又因 $a_1, a_2, \cdots, a_{20}$ 等 20 個數中不可能有任何兩數相等，$(a_1 + 9), (a_2 + 9), \cdots, (a_{20} + 9)$ 等 20 個數中也不會有任何兩數相等，因此必存在 i 與 $j \, (1 \leq i, j \leq 20)$ 使得 $a_i = a_j + 9$，而這說明了此選手在由第 $j+1$ 天至第 i 天這連續幾天中總共參加了不多不少正好 9 場比賽。

大環與小環

圖 1–1 的兩個同心圓環中，每個圓環都被分成了 100 等分，其中的外環不可轉動而且 100 格中有 50 格被塗成了黑色，50 格被塗成了白色；內環可繞軸心轉動，每一格被隨機塗成黑色或白色。以下我們將證明：內環一定可被轉到某個位置使得內環有至少 50 個格子的顏色和與其相對的外環格子的顏色相同。

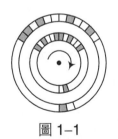

圖 1–1

如果我們將內環轉動一圈，這一圈中在 100 個不同的位置外環與內環的格與格相對；假設我們在每個位置都計算內環有多少個格子的顏色與相對的外環格子顏色相同，那麼繞完一圈後所有這 100

個數的總和一定是 5000（因為過程中內環的每一格都會對到 50 個同色的外環格子），根據鴿籠原理，這 100 個數中一定有某數不小於 $\lceil 5000/100 \rceil = 50$，而這說明了內環一定曾經在某個位置有至少 50 個格子與相對的外環格子的顏色相同。

 ## 數列與 2003

以下我們將用矛盾證法證明：數列 7, 77, 777, 7777, …（7 的個數依序遞增）的前 2003 項中必有某一項是 2003 的倍數。

假設數列的前 2003 項 a_1, a_2, …, a_{2003} 中沒有任何一項是 2003 的倍數，也就是它們除以 2003 的餘數都不為 0；由於這 2003 個餘數全都介於 1 到 2002 之間（含 1 與 2002），根據鴿籠原理，其中必有某兩個餘數相等，如果我們將數列中的這兩項（假設是 a_s 與 a_t，$s < t$）相減，所得一定是 2003 的倍數；由於

$$a_t - a_s = \overbrace{777 \cdots\cdots\cdots 7}^{t} - \overbrace{77 \cdots 7}^{s}$$
$$= 777 \cdots 700 \cdots 0 = 777 \cdots 7 \times 10^s = a_{t-s} \times 10^s$$

因此 $a_{t-s} \times 10^s$ 一定是 2003 的倍數；又由於 2003 與 10^s 互質，因此 2003 一定能整除 a_{t-s}，但這與我們一開始的假設矛盾（因為 a_{t-s} 是數列的前 2003 項之一），可見當初的假設是錯的；因此數列 7, 77, 777, 7777, … 的前 2003 項中必有某一項是 2003 的倍數。

數列中的數列

將任意 n^2+1 個相異實數排成一列，以下我們將證明：從其中必可挑出 $n+1$ 個數來形成一個嚴格遞增數列或嚴格遞減數列；挑數字時位置不須連續，但須維持原來數列中的前後關係。

利用矛盾證法。假設由 n^2+1 個數排成的數列中無法挑出長度為 $n+1$ 的嚴格遞增或嚴格遞減數列，也就是挑出的任何嚴格遞增或嚴格遞減數列的長度都一定小於或等於 n。

為原數列中的第 i 個數 $(i = 1, 2, \cdots, n^2+1)$ 計算兩個相關的數值 (a_i, b_i)，其中的 a_i 為由第 i 個數往後看所能找到的最長的嚴格遞增數列的長度（包括第 i 個數本身），b_i 則是由第 i 個數往後看所能找到的最長的嚴格遞減數列的長度（包括第 i 個數本身）；由於一開始我們假設無法挑出長度為 $n+1$ 的嚴格遞增或嚴格遞減數列，因此

$$1 \le a_i \le n,\ 1 \le b_i \le n,\ \forall i = 1, 2, \cdots, n^2+1.$$

由不大於 n 的正整數總共可以組成 $n \times n = n^2$ 個形如 (a_i, b_i) 的數對，根據鴿籠原理，n^2+1 個這種數對中至少會有兩個是相同的，因此一定存在 s 與 t $(1 \le s, t \le n^2+1)$ 滿足 $a_s = a_t$ 且 $b_s = b_t$。假設在原數列中第 s 個數是位於第 t 個數之前；由於數列中的數皆相異，因此第 s 個數不會等於第 t 個數。

(1)若第 s 個數小於第 t 個數，則 a_s 至少為 a_t+1，a_s 不可能等於 a_t。

(2)若第 s 個數大於第 t 個數，則 b_s 至少為 b_t+1，b_s 不可能等於 b_t。

既然以上兩種情形都不可能成立，我們一開始的假設一定是錯

的；因此由相異 $n^2 + 1$ 個數中必可挑出 $n + 1$ 個數來形成一個嚴格遞增或嚴格遞減數列。

一般而言，當任意 n 個相異實數排成一列且 $n > (p-1)(q-1)$，以下兩種情形中至少會有一種成立：⑴從其中可挑出 p 個數來形成一個嚴格遞增數列。⑵從其中可挑出 q 個數來形成一個嚴格遞減數列。

當五隻鴿子飛入了三個籠子，我們除了可以肯定一定有某個籠子裡的鴿子數不少於 $\lceil 5/3 \rceil = 2$ 隻外，其實還可以肯定一定有某個籠子裡的鴿子數不大於一隻，因為如果每個籠子裡的鴿子數都大於一隻（也就是最少兩隻），那麼三個籠子裡的鴿子總數最少將有六隻，不可能只有五隻。同理，如果有 14 隻鴿子飛入了三個籠子，我們可以肯定一定有某個籠子裡的鴿子數不大於四隻。

一般而言，當 k 個籠子裡裝有 n 隻鴿子，其中一定有某個籠子裡的鴿子數不大於 $\lfloor n/k \rfloor$ 隻。（$\lfloor a \rfloor$ 表示所有小於或等於 a 的整數中最大的整數。）

鑰匙的分配

某棟建築裡有 90 個空房間，每個房間都有自己獨特但可被複製的鑰匙。某人要為 100 個客人安排住宿，這 100 人中將有 90 人被分配到此棟建築裡（一人一間），鑰匙事先將被分給這 100 個人使得若由 100 人中隨意選出 90 人，這 90 人一定可以用自己分得的鑰匙打開某個空房間住進去。請問：最少要發出幾支鑰匙？怎麼發？

　　考慮如下的分法：將 90 個房間的 90 支不同鑰匙分給 100 個人中的 90 人（一人一支），剩下的 10 個人每人各分得 90 支不同的鑰匙，如此分法總共發出了 $90 + 10 \times 90 = 990$ 支鑰匙。

　　很明顯，這樣的分法將使得任意 90 個人皆可住進 90 個房間。要證明 990 支鑰匙是最少的數目，假設總共只發出了 989 支或更少支鑰匙，如此一來必有某個房間會有發出的可開此房間的鑰匙數小於或等於 $\lfloor 989/90 \rfloor = 10$ 的情形；若擁有此房間鑰匙的人剛好都不在被選到的 90 人中（100 人中會有 10 人沒被選到），此房間將沒有人能打開，因此 990 支鑰匙確實是最少的數目。

籃子與球

　　有 400 顆球被放入 200 個籃子中，已知沒有任何一個籃子是空的，而且每個籃子所裝的球數都小於 200 顆。以下我們將證明：從這 200 個籃子中一定能挑出某些籃子使得這些被挑中的籃子裡的球數總和正好是 200。

　　每個籃子中的球數有可能全部相等（每個籃子各裝著兩顆球），也有可能不是全部相等。如果全部相等，那麼任意 100 個籃子裡都裝著正好 200 顆球，合乎題目所求。

　　如果不是每個籃子都裝著兩顆球，那麼一定可以找到兩個球數不相等的籃子；假設這兩個籃子裡的球數分別為 a_1 與 a_2 $(a_1 \neq a_2)$，而其他籃子裡的球數分別為 $a_3, a_4, \cdots, a_{200}$。考慮以下 199 個數：

$$s_1 = a_1, s_2 = a_1 + a_2, s_3 = a_1 + a_2 + a_3, \cdots, s_{199} = a_1 + a_2 + \cdots + a_{199}$$

由於每個籃子都不是空的，因此 $1 \le s_i < 400$，$\forall 1 \le i \le 199$。如果有某個 s_i 除以 200 的餘數為 0，那麼 s_i 必定會等於 200，此時球數為 $a_1, a_2, \cdots, a_i$ 的 i 個籃子裡總共裝著 200 顆球，合乎題目所求。

如果沒有任何一個 s_i 除以 200 的餘數為 0，那麼 $s_1, s_2, \cdots, s_{199}$ 等數除以 200 所得的 199 個餘數都是小於 200 的正整數；如果其中有某兩個餘數相等（假設是 s_i 與 s_j 除以 200 的餘數相等，$i<j$），那麼 $s_j - s_i$ 除以 200 的餘數一定是 0，因此 $a_{i+1} + a_{i+2} + \cdots + a_j$ 一定等於 200，此時球數為 $a_{i+1}, a_{i+2}, \cdots, a_j$ 的 $j-i$ 個籃子裡總共裝著 200 顆球，合乎題目所求。

如果 199 個餘數中沒有任何一個是 0 而且沒有任何兩個相等，那麼每個小於 200 的正整數（總共 199 個）在這 199 個餘數中一定是各自出現了正好一次。考慮以下 200 個數：

$$a_2, s_1, s_2, s_3, \cdots, s_{199}$$

由鴿籠原理可知這些數除以 200 的餘數中一定有某兩個餘數相等（因為所有 200 個餘數都是介於 1 到 199 間的正整數），而且我們還知道一定是新加入的 a_2 與某個 s_i 除以 200 的餘數相等；由於 $a_2 \ne a_1 = s_1$ 而且 a_1 和 a_2 都小於 200，因此這個 s_i 不可能是 s_1（即 i 一定大於 1）；既然 a_2 與 s_i 除以 200 的餘數相等，$s_i - a_2$ 除以 200 的餘數一定是 0，因此 $s_i - a_2 = a_1 + a_3 + a_4 + \cdots + a_i$ 一定等於 200，此時球數為 $a_1, a_3, a_4, \cdots, a_i$ 的 $i-1$ 個籃子裡總共裝著 200 顆球，合乎題目所求。

既然所有可能情形皆已考慮，證明於焉完成。

練習題

1. 如果由等差數列 1, 4, 7, …, 100 中任意選出的相異 n 個數中必有某兩數的和為 104，n 的最小值是多少？

2. 試證：不大於 100 的任意 16 個相異正整數中，必有某四數 a, b, c, d 滿足 $a+b=c+d$。

3. 試證：任意 $n+2$ 個不大於 $3n$ 的相異正整數中必有某兩數的差大於 n 而且小於 $2n$。

4. 試證：任意 70 個不大於 200 的相異正整數中必有某兩數的差為 4 或 5 或 9。

5. 試證：對任意正整數 n，一定有某個 n 的倍數形如 999…900…0。

6. 當 n 隻鴿子飛入了 10 個籠子：(1)如果一定有某個籠子裡的鴿子數不少於四隻，n 的最小值是多少？(2)如果一定有某個籠子裡的鴿子數不大於七隻，n 的最大值是多少？

7. 有 101 個小孩圍著一張圓桌而坐，每個小孩的年齡都是正整數，而且全部小孩年齡的總和為 300。試證：圓桌周圍必有某連續一段其中所有小孩的年齡總和正好是 100。

8. 一塊大小為 6×6 的地板上鋪著 18 塊 1×2 的瓷磚。試證：我們必能用鋸子循著某條直線將地板鋸成兩個長方形，而且這條線沒有切割到地板上的任何一塊瓷磚。以圖 1–2 為例，圖中的箭頭標示了一條符合要求的切割線。

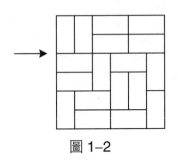

圖 1–2

（本文原刊載於《科學教育月刊》第 232 期，原文已作部分修改）

2 遞迴函數

中國人老早就有遞迴的概念了；愚公移山的故事不就說了：子可生孫，孫又生子；子又有子，子又有孫；子子孫孫，無窮匱也。

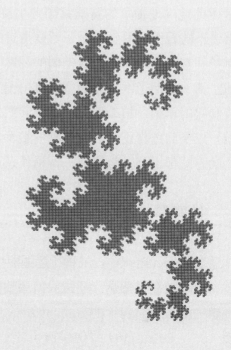

假設我們問張三他最大的女兒今年幾歲，他告訴我們：「我最大的女兒比我的第二個女兒大五歲，我的第二個女兒又比我唯一的兒子大三歲，而我兒子今年 11 歲。」雖然張三沒有直接回答我們的問題，卻給了我們足夠的資訊來推算出他最大的女兒今年是 19 歲。

也許您覺得上面的例子不大自然，那麼再看下面這個可能發生於日常生活中的例子：假設我們想要去動物園，不曉得它的地址而求助於路人李四，他告訴我們：「從這裡往前走約一百公尺會在路口看到一間警察局，在那個路口左轉，往前走到第三個紅綠燈會在路口看到一間郵局，在那個路口右轉再走約兩百公尺就到了。」雖然李四沒有直接告訴我們動物園的地址，卻提供了足夠的資訊讓我們可以到達目的地（他提供的資訊實際上也許還比真正的地址好用）。

讀者不難看出上面兩個例子所要傳達的概念；雖然張三和李四沒有直接回答我們的問題，從他們的回答中我們還是可以獲取想要的資訊。第一個例子中，我們透過算出張三其他子女的年齡來求得他的大女兒的年齡；第二個例子中，我們先到達其他地點（警察局和郵局）以便到達真正想去的地點；這兩個例子中，張三和李四回答問題的方式都用到了數學上一個稱作遞迴的概念。

什麼是「遞迴」?

「遞迴」(recurrence)，或稱「遞迴關係」(recurrence relation)，是指將一個函數在某個點（通常只討論整數點）的函數值以此函數在其他點的函數值來表示的方式，如

$$f(n) = f(n/2) + 1$$
$$f(n) = f(n-1) + f(n-2)$$

$$f(n) = 3f(\sqrt{n}) + 2^{n-1}$$

等。

以下我們以 $f(n) = f(n/2) + 1$ 為例來作進一步說明。為了討論方便，假設我們限制此式中的 n 是 2 的正整數次方（以便讓 2 可持續整除 n）。根據此式，函數 f 在 $n = 8$ 時的函數值等於 $n = 4$ 時的函數值加 1，而 $n = 4$ 時的函數值又等於 $n = 2$ 時的函數值加 1。當然，上面的函數定義並不完整，因為式子中只表明了 $f(n)$ 與 $f(n/2)$ 兩個函數值之間的關係，我們無法明確地得知函數 f 在任何一點的函數值是多少，因此如果要將某個函數以遞迴的方式明確地定義，定義中必須包含該函數在至少一個點的函數值，以便讓我們可以由此已知的函數值出發，推算出該函數在其他點的值；此已知的函數值通常稱作「邊界條件」(boundary condition)。上面的例子中，如果我們加上一個邊界條件：

$$\begin{cases} f(n) = f(n/2) + 1 \\ f(1) = 1 \end{cases}$$

那麼

$$f(1) = 1$$
$$f(2) = f(1) + 1 = 2$$
$$f(4) = f(2) + 1 = 3$$
$$f(8) = f(4) + 1 = 4$$
$$\vdots \qquad \vdots$$

只要 n 是 2 的某個非負整數次方，$f(n)$ 的值都可求得。

由上面的幾個不同的 n 值及對應的函數值，讀者不難「猜」出似乎有 $f(2^k) = k + 1$ 的關係，這可由數學歸納法予以證實：

BASIS STEP：

$f(2^0) = 0 + 1 = 1$ 與已知的邊界條件相符。

INDUCTIVE STEP：

假設對某個非負整數 k，$f(2^k) = k + 1$ 成立，則

$$f(2^{k+1}) = f(2^k) + 1 \quad（根據遞迴關係）$$
$$= (k + 1) + 1 \quad（根據假設）$$

因此根據數學歸納法得證：對所有 $k \geq 0$, $f(2^k) = k + 1$，也就是當 n 為 2 的任意非負整數次方時，函數 $f(n)$ 的一般式為

$$f(n) = (\log_2 n) + 1$$

數學上通常將一個用遞迴關係定義的函數的一般式稱為此遞迴關係的「解」(solution)。

 直接推導的例子

假設 n 是 4 的任意非負整數次方，而且

$$f(n) = \begin{cases} 27, & n = 1 \\ 2f(n/4) + n, & n > 1 \end{cases}$$

以下我們將設法求出 $f(n)$ 的一般式。

在前面的例子中，我們是由 $n = 1$ 時的函數值 $f(1)$ 開始，由小而大地推導出 $n = 2, 4, 8$ 時的函數值並設法由其中觀察出 n 與 $f(n)$ 的關係；在處理許多遞迴問題時，以由大而小的相反方向來推導也常常是不錯的方法，也就是由 $f(n)$ 出發：

$$f(n) = 2f(n/4) + n$$
$$= 2\,(2f(n/4^2) + n/4) + n$$

整理後可得

$$f(n) = 2^2 f(n/4^2) + n/2 + n$$

再次將遞迴關係應用到 $f(n/4^2)$ 又可得

$$f(n) = 2^2 (2f(n/4^3) + n/4^2) + n/2 + n$$
$$= 2^3 f(n/4^3) + n/2^2 + n/2 + n$$

到這個地步，我們大概可以「猜」出以下的規則：

$$f(n) = 2^k f(n/4^k) + n/2^{k-1} + n/2^{k-2} + \cdots + n/2 + n$$

由於 n 是 4 的非負整數次方，因此當推導至 $n/4^k = 1$（即 $n = 4^k$）時，$f(n/4^k) = 27$ 為已知：

$$f(n) = 2^k f(1) + n(1/2^{k-1} + 1/2^{k-2} + \cdots + 1/2 + 1)$$
$$= 2^k \cdot 27 + n(2 - 1/2^{k-1})$$
$$= 27\sqrt{n} + n(2 - 2/\sqrt{n})$$
$$= 2n + 25\sqrt{n}$$

得此結果後可仿照前例，以數學歸納法加以證實。

讓我們再看一個例子。假設 n 是任意非負整數而且

$$f(n) = \begin{cases} 5, & n = 0 \\ f(n-1) + n, & n > 0 \end{cases}$$

我們希望求出 $f(n)$ 的一般式。

仿照前面將 n 值由大而小推導的作法：

$$f(n) = f(n-1) + n$$
$$= f(n-2) + (n-1) + n$$
$$= f(n-3) + (n-2) + (n-1) + n$$
$$\vdots$$
$$= f(n-k) + (n-k+1) + (n-k+2) + \cdots + n$$

當 $n-k=0$（即 $k=n$）時，上式成為

$$f(n)=f(0)+1+2+3+\cdots+n=5+n(n+1)/2$$

因此，我們可猜出 $f(n)$ 的一般式為 $f(n)=5+n(n+1)/2$。同樣地，這可由數學歸納法予以證實。

 ## 定義新的函數

假設 $n=2^{2^{k}}$（k 為任意非負整數）且

$$f(n)=\begin{cases}1, & n=2\\ f(\sqrt{n})+3, & n>2\end{cases}$$

以下我們將求出 $f(n)$ 的一般式。仿照前面的作法由推導可得

$$\begin{aligned}f(n)&=f(n^{1/2})+3\\ &=(f(n^{1/4})+3)+3\\ &=f(n^{1/8})+3+3+3\\ &\quad\vdots\\ &=f(n^{1/2^{t}})+3t\end{aligned}$$

當 $n^{1/2^{t}}=2$（也就是 $t=\log_2\log_2 n$）時，

$$f(n)=f(2)+3t=1+3\log_2\log_2 n$$

因此我們可猜出 $f(n)$ 的一般式為 $f(n)=(3\log_2\log_2 n)+1$；同樣地，這可由數學歸納法予以證實。許多看似複雜的遞迴關係的求解常可透過變數的代換或是定義新的函數而被轉換成較容易處理的問題。以本例而言，如果我們在一開始時令 $m=\log_2 n$，那麼

$$f(2^{m})=\begin{cases}1, & m=1\\ f(2^{m/2})+3, & m>1\end{cases}$$

如果我們接著定義一個新的函數 $g(m) = f(2^m)$，則

$$g(m) = \begin{cases} 1, & m = 1 \\ g(m/2) + 3, & m > 1 \end{cases}$$

這個函數與原來的 $f(n)$ 比起來明顯容易處理得多；仿照前面的作法不難解得 $g(m) = (3\log_2 m) + 1$，因此

$$f(2^m) = (3\log_2 m) + 1$$

$$f(n) = (3\log_2\log_2 n) + 1$$

與前面的作法所得相同。

我們也可以在一開始時定義函數 $g(n) = f(2^{2^n})$，如此一來，由

$$f(n) = \begin{cases} 1, & n = 2 \\ f(\sqrt{n}) + 3, & n > 2 \end{cases} \quad 可得 \quad g(n) = \begin{cases} 1, & n = 0 \\ g(n-1) + 3, & n > 0 \end{cases}$$

接著仿照前面的作法可解得 $g(n) = 3n + 1$，因此

$$f(2^{2^n}) = 3n + 1$$

$$f(n) = (3\log_2\log_2 n) + 1$$

又得到了相同的結果。

再看一個例子。假設 $n = 2^{2^k}$（k 是任意非負整數）且

$$f(n) = \begin{cases} 2, & n = 2 \\ \sqrt{n}f(\sqrt{n}) + 3n, & n > 2 \end{cases}$$

由於當 $n > 2$ 時，$f(n) = \sqrt{n}f(\sqrt{n}) + 3n$，將等號兩邊同時除以 n 可得

$$\frac{f(n)}{n} = \frac{f(\sqrt{n})}{\sqrt{n}} + 3$$

如果我們定義一個新的函數 $g(n) = f(n)/n$，則

$$g(n) = \begin{cases} 1, & n = 2 \\ g(\sqrt{n}) + 3, & n > 2 \end{cases}$$

這個函數我們才剛處理過，因此

$$g(n) = (3\log_2\log_2 n) + 1$$

$$f(n) = (3n\log_2\log_2 n) + n$$

此即為 $f(n)$ 的一般式（可由數學歸納法予以證實）。

 **結語**

　　以遞迴的方式定義的函數在計算機演算法的設計與分析上扮演著重要的角色；對某些計數 (counting) 問題而言，遞迴關係更是一項有力的工具，可以大大簡化思考的過程；本書將陸續介紹許多這方面的應用。

 **練習題**

1. 假設 $n = 3^k$（k 為任意非負整數）且

$$f(n) = \begin{cases} 2, & n = 1 \\ 3f(n/3) + n^2, & n > 1 \end{cases}$$

試求出 $f(n)$ 的一般式。

2. 假設 $f(1) = 1$，$f(2) = 6$，而當 $n \geq 3$ 時，$f(n) = f(n-2) + 3n + 4$。試求出 $f(n)$ 的一般式。

3. 假設 $f(1) = 1$，而當 $n \geq 2$ 時，$f(n) = \sum_{k=1}^{n-1} f(k) + 7$。試求出 $f(n)$ 的一般式。

4. 假設 $f(0) = 1$，而當 $n \geq 1$ 時，$f(n) = \dfrac{2}{3}\left(1 + \dfrac{2}{3^n + 1}\right)f(n-1)$。試求出 $f(n)$ 的一般式。

（本文原刊載於《科學教育月刊》第 238 期，原文已作部分修改）

For a physicist, mathematics is not just a tool by means of which phenomena can be calculated, it is the main source of concepts and principles by means of which new theories can be created.

Freeman Dyson, *Mathematics in the Physical Sciences*

In an examination those who do not wish to know ask questions of those who cannot tell.

Sir Walter Alexander Raleigh, *Some Thoughts on Examinations*

I have yet to see any problem, however complicated, which when you looked at it in the right way, did not become still more complicated.

Poul Anderson

3 遞迴關係與計數問題

　　用遞迴的方式來計算數量是相當有用
的一項技巧；與較直接的方式比起來雖然
多繞了個彎，但是思考過程常較簡潔；由
於不需考慮太多細節因此也較不易出錯，
是較「高階」的一種作法。

一個數列 (sequence) 可以有許多不同的表示方式。常見的一種方式是列出數列的最前面幾項，後面的部分則以「…」表示，例如某個數列可能被表示為

$$3, 5, 7, \cdots$$

這樣的方式很容易造成誤解；除非另外聲明此數列是等差數列或是滿足其他特定性質的數列，否則我們無法只根據一個數列的最前面幾項來推斷它往後的發展。以上面的例子而言，它除了可能是一個等差數列外，也可能是由 3 開始的所有質數形成的數列，或是其他性質較不明顯的數列，因此第四項有可能是 9，或是 11，或是其他的數。

數列的第二種表示方式是將數列的每一項都用「通式」(closed formula) 來表示，例如將某個數列定義為

$$a_n = 3n + 5(-1)^n, \forall\ n \geq 0.$$

以通式來定義數列的好處是數列的每一項都可以很明確地經由一定的算術運算求得；以上面的例子而言，此數列的第一項為

$$a_0 = 3 \cdot 0 + 5 \cdot (-1)^0 = 5$$

第三十項則是

$$a_{29} = 3 \cdot 29 + 5 \cdot (-1)^{29} = 82$$

有些數列由於性質特殊，要求得通式非常困難，有時候甚至根本無法求得，不過它們卻可能可以用另一種方式——遞迴的方式——來加以定義。我們在第 2 篇介紹函數的遞迴定義時曾經提過，一個遞迴的定義必須包含遞迴關係及邊界條件兩個部分；以遞迴的方式定義數列時也是如此，此時的遞迴關係表明了數列的某一項與其他項之間的關係，而邊界條件則是數列最前面幾項的值；由於涉

及數列的頭幾項，因此邊界條件常又稱作「初始條件」(initial condition)。

　　舉例來說，以下是某個數列的遞迴定義：

$$b_n = \begin{cases} 1, & n = 1 \\ 3, & n = 2 \\ b_{n-2} + b_{n-1}, & n \geq 3 \end{cases}$$

　　此定義包含了數列最前面兩項的值（初始條件），並且表明了往後的每一項如何由其他項的值求得（遞迴關係）。有了上面的定義，除了 $b_1 = 1$ 及 $b_2 = 3$ 為已知外，

$$b_3 = b_1 + b_2 = 1 + 3 = 4$$
$$b_4 = b_2 + b_3 = 3 + 4 = 7$$
$$b_5 = b_3 + b_4 = 4 + 7 = 11$$
$$\vdots$$

依此類推，數列的最前面幾項依序為

$$1, 3, 4, 7, 11, 18, 29, 47, 76, 123, \cdots$$

對任意正整數 n，b_n 的值都可求得。

　　上面的遞迴關係中，由於必須先求得 b_{n-2} 與 b_{n-1} 才能求得 b_n，因此初始條件必須包含數列的最前面兩項的值，才可以作為往後一系列計算的起點；如果初始條件只包含數列的第一項（即 b_1）的話是不夠的。讀者不難察覺這個觀念其實和數學歸納法的證明原理相當類似（可參考第 6 篇），遞迴定義的初始條件就相當於數學歸納法的 basis，而遞迴關係就相當於數學歸納法的 inductive step。請特別注意遞迴定義的初始條件必須包含「足夠」的資訊，否則是無法向後推算的，至於要包含數列的最前面多少項才算「足夠」則要視遞

迴關係而定 (可以用「是否能求得數列的每一項的值?」作為判斷的依據)。

遞迴關係對解決數學上許多與計算數量有關的問題而言是相當有力的工具,以下我們將介紹幾個例子。

字串問題

一個位元 (bit) 可能是一個 0 或是一個 1;由一連串位元排列而成的字串稱為位元字串 (bit string),而一個位元字串所包含的位元個數稱為該位元字串的長度。長度為 1 的位元字串共有兩個:0 與 1;長度為 2 的位元字串共有四個:00、01、10、11;一般而言,長度為 n 的位元字串共有 2^n 個。

假設 a_n 代表長度為 n 的位元字串中,不包含連續兩個 0 的字串的個數,以下我們將嘗試用遞迴的方式來定義數列 $a_1, a_2, a_3, \cdots$。

所有長度為 n 的位元字串可以分為兩類,一類是以 1 開頭,另一類是以 0 開頭,如圖 3–1 所示:

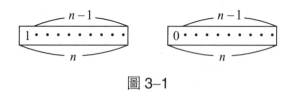

圖 3–1

如果我們能夠求出這兩類字串中不包含連續兩個 0 的字串各有幾個,那麼 a_n 應該就是這兩數的和。

由圖 3–1 不難看出,長度為 n 而且以 1 開頭的字串中,不包含

連續兩個 0 的字串個數應該就等於長度為 $n-1$ 而且不包含連續兩個 0 的字串個數，也就是數列的第 $n-1$ 項的值（即 a_{n-1}）。

考慮任意一個長度為 n $(n \geq 3)$ 而且以 0 開頭的字串，如果此字串中不包含連續兩個 0，那麼它由左邊算起的第二個位元必定是 1：

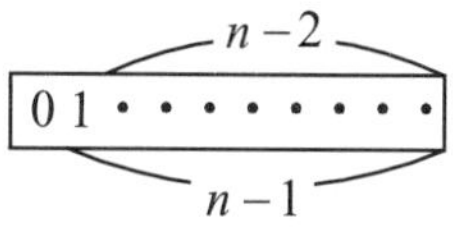

圖 3-2

由圖 3-2 不難看出，長度為 n 而且以 01 開頭的字串中，不包含連續兩個 0 的字串的個數應該就等於長度為 $n-2$ 而且不包含連續兩個 0 的字串個數，也就是數列的第 $n-2$ 項的值（即 a_{n-2}）。

因此我們已經找到了一個遞迴關係：$a_n = a_{n-1} + a_{n-2}$。由於 a_n 的計算牽涉到數列中的前兩項，因此初始條件必須包含數列的最前面兩項（也就是 a_1 與 a_2）的值。由題意很明顯可知 $a_1 = 2$ 且 $a_2 = 3$，因此數列 $a_1, a_2, a_3, \cdots$ 完整的遞迴定義如下：

$$a_n = \begin{cases} 2, & n = 1 \\ 3, & n = 2 \\ a_{n-1} + a_{n-2}, & n > 2 \end{cases}$$

根據這個定義，對任意正整數 n，a_n 的值都可求得；此數列的最前面幾項依序為 2, 3, 5, 8, 13, 21, 34, 55, 89, $\cdots$ 等，這是數學上一個相當有名的數列，稱作「費氏數列」（Fibonacci sequence），因數學家 Leonardo Pisano（別號 Fibonacci，約生於西元 1170 年）而得名。

由於遞迴關係是將數列的某一項以其他項的值表示，因此當我

們想要用遞迴的方式定義一個數列時,第一個必須問自己的問題是:如果這個數列的第一項、第二項、……、第 $n-1$ 項的值都已知的話,對求出第 n 項有沒有幫助呢? 也就是假設這個數列的第一項至第 $n-1$ 項都已知, 然後想辦法將第 n 項的值利用這些已知的值表示出來。如果這樣的遞迴關係真的能被找到,剩下的工作就只是求出數列最前面幾項的值來當做初始條件而已了, 這通常要比找出遞迴關係容易得多。

　　讓我們再看一個和字串有關的例子。任何一個由阿拉伯數字(0 ～ 9)排列而成的字串中,0 出現的個數不是奇數就是偶數; 例如字串 503602 中, 0 出現了兩次, 因此 0 的個數為偶數; 字串 120987045608 中, 0 出現了三次, 因此 0 的個數為奇數。假設 a_n 代表由 n 個阿拉伯數字排列而成的字串中, 數字 0 出現的個數為偶數的字串的個數, 以下我們將用遞迴的方式來定義數列 $a_1, a_2, a_3, \cdots$。

　　與前一個問題類似,我們可以將所有長度為 n 的字串分為兩類, 一類是以 0 開頭, 另一類不是以 0 開頭, 如圖 3–3 所示 (圖中的 X 表不為 0 的阿拉伯數字):

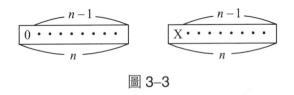

圖 3–3

　　如果我們能求出這兩類字串中, 0 出現的個數為偶數的字串各有幾個, 那麼 a_n 應該就是這兩數的和。

　　由圖 3–3 不難看出, 長度為 n 而且以 0 開頭的字串中, 0 出現

的個數為偶數的字串個數應該就等於長度為 $n-1$ 而且 0 出現的個數為奇數的字串個數；由於長度為 $n-1$ 的字串總共有 10^{n-1} 個而其中 0 出現的個數為偶數的字串有 a_{n-1} 個，因此長度為 $n-1$ 而且 0 出現的個數為奇數的字串總共有 $10^{n-1} - a_{n-1}$ 個。

接著考慮長度為 n 而且以 1 開頭的字串的情形。所有這種字串中，0 出現的個數為偶數的字串個數應該就等於長度為 $n-1$ 而且 0 出現的個數為偶數的字串個數，也就是 a_{n-1}。依此類推，長度為 n 而且以由 2 至 9 的任意一個數字開頭的字串中，0 出現的個數為偶數的字串個數也都是 a_{n-1}，因此長度為 n 而且不以 0 開頭的字串中，0 出現的個數為偶數的字串總共有 $9a_{n-1}$ 個。

因此我們已經找到了一個遞迴關係：

$$a_n = (10^{n-1} - a_{n-1}) + 9a_{n-1} = 10^{n-1} + 8a_{n-1}$$

由於這個遞迴關係只涉及數列中 a_n 的前一項，因此初始條件只須包含數列的第一項（也就是 a_1）的值。

由題意很明顯可知 $a_1 = 9$，因為長度為 1 的字串總共有十個，這十個字串中除了 0 以外，其他九個字串的每一個所含的 0 的個數都是 0 個，而 0 為偶數。因此完整的遞迴定義如下：

$$a_n = \begin{cases} 9, & n = 1 \\ 10^{n-1} + 8a_{n-1}, & n > 1 \end{cases}$$

利用第 2 篇的方法您不難推導出此數列的通式為

$$a_n = 5 \times 10^{n-1} + 4 \times 8^{n-1}, \ \forall n \geq 1.$$

平面的切割 ....

假設平面上任意 n 條直線最多可將平面劃分為 a_n 個區域，以下我們將用遞迴的方式來定義數列 $a_0, a_1, a_2, \cdots$。

由題意可知 $a_0 = 1$ 且 $a_1 = 2$。假設平面上已經有 $n-1$ 條直線而且平面已經被它們依最大的可能劃分為 a_{n-1} 個區域。當我們再加上一條線，使得平面上有 n 條直線時，這條新的直線最多可以讓平面再多出幾個區域呢？

為了讓區域數儘量多，新加入的直線不能與任何舊的直線重合，否則對增加區域數沒有任何幫助。由於任意兩條不重合的直線最多只有一個交點，因此新加入的直線與原有的 $n-1$ 條直線最多可能交於 $n-1$ 個不同的點（這個情形發生在新線不與任何舊線平行而且沒有三線共點的情形時），新的直線因此最多可以被這 $n-1$ 個不同的點分為 n 段；由於這 n 段的每一段都將一個舊的區域一分為二，因此第 n 條線最多可以為平面增加 n 個區域。至此，我們有了一個基本的遞迴關係：$a_n = a_{n-1} + n$。

由於此遞迴關係只涉及數列中 a_n 的前一項，因此初始條件只須包含數列的第一項（也就是 a_0）的值。完整的遞迴定義如下：

$$a_n = \begin{cases} 1, & n = 0 \\ a_{n-1} + n, & n > 0 \end{cases}$$

由此不難推導出數列的通式為

$$a_n = \frac{n(n+1)}{2} + 1, \ \forall n \geq 0.$$

再看一個與切割平面有關的例子。假設平面上有 n 個橢圓，這些橢圓中，任意兩個橢圓間都有不多不少正好兩個交點，而且沒有三個橢圓相交於同一點的情形。如果這 n 個橢圓將平面劃分為 a_n 個區域，我們希望能用遞迴的方式來定義數列 $a_1, a_2, a_3, \cdots$。圖 3–4 為 n 的值分別為 1, 2, 3 時的情形：

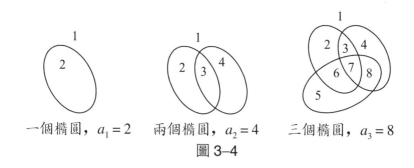

一個橢圓，$a_1 = 2$　　兩個橢圓，$a_2 = 4$　　三個橢圓，$a_3 = 8$

圖 3–4

假設平面上已經有 $n-1$ 個橢圓而且它們已經將平面劃分為 a_{n-1} 個區域。當我們再加上一個橢圓，使得平面上有 n 個橢圓時，由於這個新的橢圓與每個舊的橢圓都有兩個交點，因此新的橢圓與舊的 $n-1$ 個橢圓交於 $2(n-1)$ 個不同的點，新的橢圓被這些點分成了 $2(n-1)$ 段。由於這 $2(n-1)$ 段的每一段都會將一個舊的區域一分為二，因此第 n 個橢圓會為平面增加 $2(n-1)$ 個區域。至此，我們有了基本的遞迴關係：$a_n = a_{n-1} + 2(n-1)$。

由於此遞迴關係只涉及數列中 a_n 的前一項，因此初始條件只須包含數列的第一項（也就是 a_1）的值。完整的遞迴定義如下：

$$a_n = \begin{cases} 2, & n = 1 \\ a_{n-1} + 2(n-1), & n > 1 \end{cases}$$

由此不難推導出數列的通式為

$$a_n = n^2 - n + 2, \forall n \geq 1.$$

請留意此數列的最前面三項為 2, 4, 8，但它並不是等比數列。

嚴格遞增數列的個數

假設 a_n 代表每一項皆為整數而且首項與末項分別為 1 與 n 的嚴格遞增數列的個數，以下我們將用遞迴的方式來定義數列 a_1, a_2, a_3, $\cdots$。

所有首項為 1 且末項為 n 的嚴格遞增數列中，末項的前一項總共有 $n - 1$ 個可能的值；它可能是 $n - 1$，或是 $n - 2$，或是任何一個介於 1 與 $n - 1$ 之間（含 1 與 $n - 1$）的數。

由於所有首項為 1 且末項為 n 的嚴格遞增數列中，末項的前一項為 $n - 1$ 的數列總共有 a_{n-1} 個，末項的前一項為 $n - 2$ 的數列總共有 a_{n-2} 個，……，末項的前一項為 1 的數列總共有 a_1 個，因此我們有了以下的遞迴關係：

$$a_n = a_{n-1} + a_{n-2} + \cdots + a_1 = \sum_{i=1}^{n-1} a_i$$

根據題意，很顯然 $a_1 = 1$，因此完整的遞迴定義如下：

$$a_n = \begin{cases} 1, & n = 1 \\ \sum_{i=1}^{n-1} a_i, & n > 1 \end{cases}$$

上面的遞迴關係中，雖然 a_n 的計算涉及數列中位於 a_n 之前的全部 $n - 1$ 項，但是起始條件只需包含 a_1 的值就夠了，因為由 a_1 可算出 a_2，由 a_1 與 a_2 可算出 a_3，由 a_1, a_2, a_3 又可算出 a_4 等；對任意

正整數 n，a_n 的值都可求得。

　　上面的遞迴定義並不是唯一的方式；當 $n > 2$，經由簡單的推導可得

$$a_n = a_{n-1} + a_{n-2} + \cdots + a_1$$
$$= a_{n-1} + (a_{n-2} + \cdots + a_1)$$
$$= a_{n-1} + a_{n-1}$$
$$= 2a_{n-1}$$

我們發現同樣的數列其實可以用更簡潔的方式來定義：

$$a_n = \begin{cases} 1, & n = 1 \\ 1, & n = 2 \\ 2a_{n-1}, & n > 2 \end{cases}$$

　　由這個定義不難推導出當 $n \geq 2$，$a_n = 2^{n-2}$。這麼簡單的式子當然值得我們探尋是否存在著一個簡單的解釋；仔細一想，讀者很容易就能看出其中的道理，因為每個大於 1 且小於 n 的整數（這樣的整數總共有 $n - 2$ 個）都可能出現或是不出現於一個首項為 1 且末項為 n 的嚴格遞增數列中，因此總共有 2^{n-2} 種不同的情形。

分組問題

　　有 n 名學生排成一條直線，老師想在直線上選擇某些位置讓直線斷成一節一節（相當於將學生分為一組一組，每組至少一人），然後從每一節所包含的學生中選出一人作為該組組長。舉例來說，當有兩名學生（A 與 B）時，老師總共有如下三種作法（圈起來的代表組長）：

$$\boxed{A}\ B \qquad A\ \boxed{B} \qquad \boxed{A}\ \vdots\ \boxed{B}$$

　　總共只有一組　　總共只有一組　　總共分成兩組

而當有 $ABCDEF$ 六名學生 $(n=6)$ 時，一種可能的作法是（總共三組）：

$$A\ \boxed{B}\ \vdots\ C\ \boxed{D}\ E\ \vdots\ \boxed{F}$$

　　假設 a_n 代表當學生數為 n 時可能的作法有幾種，很顯然 $a_1 = 1$，而且我們已知 $a_2 = 3$。以下我們將用遞迴的方式來定義數列 a_1, a_2, a_3, …。

　　首先，將排成一直線的 n 名學生依序編號由 1 至 n。第 n 名學生有可能自成一組（此時他一定是組長），也有可能與別人合成一組；當他與別人合成一組時，他有可能是該組組長，也有可能不是；如果我們能夠求出以上三種情形各有幾種作法，a_n 應該就是這三數的和。

　　當第 n 名學生自成一組時，老師只須針對另外 $n-1$ 名學生分組及選組長即可，可能的作法顯然有 a_{n-1} 種。當第 n 名學生與別人合成一組而且他不是該組組長時，分組及選組長的工作與學生數為 $n-1$ 時並無不同（第 n 名學生的加入只是讓最後一組多了一個成員而已），因此可能的作法數也是 a_{n-1}。

　　接著我們考慮第 n 名學生與別人合成一組（直線上的最後一組）而且他是該組組長的情形。如果最後一組的第一個人編號為 $k+1$，如圖 3–5：

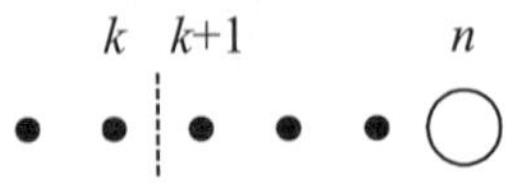

圖 3–5

此時老師只須針對前面的 k 名學生分組及選組長即可，可能的作法有 a_k 種。由於 k 的最小值為 0，最大值為 $n-2$，因此第 n 名學生與別人合成一組且擔任組長的情形總共有 $a_0 + a_1 + a_2 + \cdots + a_{n-2}$ 種作法。至此，我們有了以下的遞迴關係：

$$a_n = a_{n-1} + a_{n-1} + \sum_{k=0}^{n-2} a_k \qquad (*)$$

即

$$a_n - a_{n-1} = \sum_{k=0}^{n-1} a_k, \quad \text{因此 } a_{n-1} - a_{n-2} = \sum_{k=0}^{n-2} a_k$$

代入 (*) 式得

$$a_n = a_{n-1} + a_{n-1} + (a_{n-1} - a_{n-2}) = 3a_{n-1} - a_{n-2}$$

因此我們可以將數列 $a_1, a_2, a_3, \cdots$ 定義為

$$a_n = \begin{cases} 1, & n = 1 \\ 3, & n = 2 \\ 3a_{n-1} - a_{n-2}, & n > 2 \end{cases}$$

如果您熟悉常係數線性遞迴關係的求解（見第 11 篇），不難進一步求得 a_n 的一般式為

$$a_n = \frac{1}{\sqrt{5}} \left(\left(\frac{3 + \sqrt{5}}{2} \right)^n - \left(\frac{3 - \sqrt{5}}{2} \right)^n \right), \forall n \geq 1.$$

貝爾數

將三名學生（編號 1 至 3）分組，每組至少一人，總共有以下五種分法：

$\{1, 2, 3\}$　$\{1, 2\}, \{3\}$　$\{1, 3\}, \{2\}$　$\{2, 3\}, \{1\}$　$\{1\}, \{2\}, \{3\}$

假設 B_n 代表將 n 名學生分組總共有多少種分法，我們已知 $B_3 = 5$。以下我們將用遞迴的方式來定義數列 $B_0, B_1, B_2, \cdots$。

對編號由 1 至 n 的 n 名學生而言，編號為 n 的學生有可能自成一組，也可能和別人合成一組，因此他所在的組最少含有一人，最多可能含有 n 人。

考慮編號為 n 的學生所在的組含有 k 人的情形 $(1 \le k \le n)$；此時和他同一組的其他 $k-1$ 個組員是由其他 $n-1$ 人中選出（選法有 $C(n-1, k-1)$ 種），而除了這一組之外的其他 $n-k$ 人則有 B_{n-k} 種分組方式，因此 B_n 滿足下面的遞迴關係：

$$B_n = \sum_{k=1}^{n} \binom{n-1}{k-1} B_{n-k}$$

根據題意，B_1 的值顯然為 1，而當 $n = 1$ 時由上式 $B_1 = C(0, 0)B_0$ 可知 B_0 的值為 1，至此我們有了數列 $B_0, B_1, B_2, \cdots$ 完整的遞迴定義：

$$B_0 = 1, \ B_n = \sum_{k=1}^{n} \binom{n-1}{k-1} B_{n-k} \ (n \ge 1).$$

有了這個定義，對任意正整數 n，B_n 的值都可求得，例如當 $n = 4$，

$$B_4 = \binom{3}{0}B_3 + \binom{3}{1}B_2 + \binom{3}{2}B_1 + \binom{3}{3}B_0$$
$$= 5 + 3 \cdot 2 + 3 \cdot 1 + 1$$
$$= 15$$

B_n 其實就是分割一個含有 n 個元素的集合的方法數。由 $B_0, B_1,$

B_2, … 形成的數列在數學上稱為「貝爾數」(Bell numbers)，因數學家 E. T. Bell (1883–1960) 而得名；這個數列的最前面幾項依序是 1, 1, 2, 5, 15, 52, 203, 877, 4140, 21147, 115975, 678570, …。

不同的括法

四個數相乘：$x_0 \cdot x_1 \cdot x_2 \cdot x_3$，如果用小括號括出可能的計算次序，總共有以下五種不同的括法：

$$((x_0 \cdot x_1) \cdot x_2) \cdot x_3$$
$$(x_0 \cdot x_1) \cdot (x_2 \cdot x_3)$$
$$(x_0 \cdot (x_1 \cdot x_2)) \cdot x_3$$
$$x_0 \cdot ((x_1 \cdot x_2) \cdot x_3)$$
$$x_0 \cdot (x_1 \cdot (x_2 \cdot x_3))$$

假設 C_n 代表 $n+1$ 個數相乘 $(x_0 \cdot x_1 \cdots x_n)$ 時，不同的括法有幾種，以下我們將用遞迴的方式來定義數列 $C_0, C_1, C_2, \cdots$。

不管小括號怎麼括，$n+1$ 個數相乘必定牽涉到 n 次的乘法運算。假設最後一次相乘是發生在 x_k 與 x_{k+1} 之間：

$$\underbrace{(x_0 \cdots\cdots x_k)}_{(k+1) \text{ 個數}} \cdot \underbrace{(x_{k+1} \cdots\cdots x_n)}_{(n-k) \text{ 個數}}$$

最後一次

將這 $n+1$ 個數依最後一次相乘發生的位置看成是由前後兩段組成，前段有 $k+1$ 個數相乘，後段則有 $n-k$ 個數相乘。由於 $k+1$ 個數相乘有 C_k 種不同的括法，而 $n-k$ 個數相乘有 C_{n-k-1} 種不同的括法，因此當最後一次相乘是發生在 x_k 與 x_{k+1} 之間時，這 $n+1$ 個數相

乘總共有 $C_k \cdot C_{n-k-1}$ 種不同的括法。

最後一次相乘可能發生在許多位置，可能在 x_0 與 x_1 之間、x_1 與 x_2 之間、x_2 與 x_3 之間、……、x_{n-1} 與 x_n 之間等，因此 k 可能的值最小為 0，最大為 $n-1$；$n+1$ 個數相乘的括法總數應該就是以上各個不同位置所對應的括法數的和，因此 C_n 滿足以下遞迴關係：

$$C_n = C_0 C_{n-1} + C_1 C_{n-2} + \cdots + C_{n-1} C_0 = \sum_{k=0}^{n-1} C_k C_{n-k-1}$$

根據題意，C_1 的值顯然為 1，而當 $n=1$ 時由上式 $C_1 = C_0 C_0$ 可知 C_0 的值為 1；有了 $C_0 = 1$ 作為初始條件，我們可以往後陸續算出每一項的值，例如：

$C_1 = C_0 C_0 = 1$

$C_2 = C_0 C_1 + C_1 C_0 = 1 + 1 = 2$

$C_3 = C_0 C_2 + C_1 C_1 + C_2 C_0 = 2 + 1 + 2 = 5$

$C_4 = C_0 C_3 + C_1 C_2 + C_2 C_1 + C_3 C_0 = 5 + 2 + 2 + 5 = 14$

等。

由 $C_0, C_1, C_2, \cdots$ 形成的數列在數學上稱為 Catalan numbers（第 7 篇有更詳細的介紹），此數列的最前面幾項依序為 1, 1, 2, 5, 14, 42, 132, 429, 1430, 4862, 16796, 58786, $\cdots$，通式則是

$$C_n = \frac{1}{n+1} \binom{2n}{n}, \forall n \geq 0.$$

🐟 圓桌上的夫妻

A 和 B 的太太分別是 a 和 b，這兩對夫婦圍著一張圓桌而坐。如

果我們將可以經由旋轉而得的坐法視為相同的坐法，而且規定任何一對夫婦都不能坐在一起，那麼總共只有以下兩種坐法：

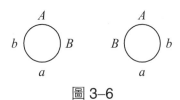

圖 3–6

請問：六對夫婦圍著圓桌而坐而且沒有任何一對夫婦坐在一起的坐法總共有幾種？

如果我們定義 $f(m, n)$ 為 n 對夫婦圍著圓桌而坐而且其中有正好 m 對夫婦坐在一起的坐法個數，那麼我們已經知道 $f(0, 2) = 2$；我們希望求得的值為 $f(0, 6)$。以下我們將用遞迴的方式來定義函數 f。

假設圓桌的周圍已經有 n 對夫婦就座，而第 $n+1$ 對夫婦即將入座；下面是由於第 $n+1$ 對夫婦的就座將使得全部 $n+1$ 對夫婦中有正好 m 對夫婦坐在一起的幾種可能的情形：

(I)原來的 n 對夫婦中有正好 $m-1$ 對夫婦坐在一起（坐法有 $f(m-1, n)$ 種）；此時的第 $n+1$ 對夫婦必須坐在一起才會使得坐在一起的夫婦對數增為 m 對，而且第 $n+1$ 對夫婦不能坐在原來已經坐在一起的任何一對夫婦之間。新加入的第 $n+1$ 對夫婦有幾個可能的位置呢？由於原來的 $2n$ 個人之間有 $2n$ 個間隔，其中的 $m-1$ 個間隔不能列入考慮，因此這對新夫婦有 $2n-(m-1)$ 個可能的位置，而每個位置這對夫婦都有 $2! = 2$ 種坐法，因此這種情況下可能的坐法有

$$2(2n - m + 1)f(m - 1, n)$$

種。

(II)原來的 n 對夫婦中有正好 m 對夫婦坐在一起(坐法有 $f(m, n)$ 種); 此時的第 $n + 1$ 對夫婦有可能分開坐 (有 $(2n - m)(2n - m - 1)$ 種選擇), 也有可能一起坐在原來坐在一起的某對夫婦之間 (有 $2m$ 種選擇), 因此這種情況下可能的坐法有

$$((2n - m)(2n - m - 1) + 2m)f(m, n)$$
$$= ((2n - m)^2 - 2n + 3m)f(m, n)$$

種。

(III)原來的 n 對夫婦中有正好 $m + 1$ 對夫婦坐在一起 (坐法有 $f(m + 1, n)$ 種); 此時的第 $n + 1$ 對夫婦不能坐在一起, 其中一人必須坐在原來坐在一起的某對夫婦之間 (有 $m + 1$ 種選擇), 而另一人則不能坐在原來坐在一起的任何一對夫婦之間 (有 $2n - m - 1$ 種選擇), 因此這種情況下可能的坐法有

$$2(m + 1)(2n - m - 1)f(m + 1, n)$$

種。

(IV)原來的 n 對夫婦中有正好 $m + 2$ 對夫婦坐在一起 (坐法有 $f(m + 2, n)$ 種); 此時的第 $n + 1$ 對夫婦不能坐在一起, 他們分別要坐到原來坐在一起的某對夫婦之間 (有 $(m + 2)(m + 1)$ 種選擇), 因此這種情況下可能的坐法有

$$(m + 2)(m + 1)f(m + 2, n)$$

種。

以上是第 $n + 1$ 對夫婦就座後有正好 m 對夫婦坐在一起的所有可能情形, 因此我們有了以下的遞迴關係:

$$f(m, n + 1) = 2(2n - m + 1)f(m - 1, n) + ((2n - m)^2 - 2n + 3m)f(m, n)$$
$$+ 2(m + 1)(2n - m - 1)f(m + 1, n)$$
$$+ (m + 2)(m + 1)f(m + 2, n)$$

依據我們對 $f(m, n)$ 的定義，當 $m > n$ 或 $m < 0$ 時，$f(m, n)$ 的值顯然為 0；當 $n = 2$ 時我們已知 $f(0, 2) = 2$，亦不難推知 $f(1, 2) = 0$ 且 $f(2, 2) = 4$（見圖 3–7）。

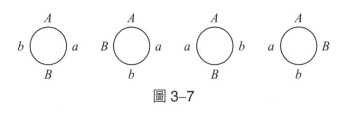

圖 3–7

有了這些初始條件，對任意 $n \geq 2$，我們都可推算出 $f(m, n)$ 的值，例如 $f(0, 3) = 32, f(1, 3) = 48, f(0, 4) = 1488, f(1, 4) = 1920,$ $f(0, 5) = 112512, f(0, 6) = 12771840$ 等。因此六對夫婦中沒有任何一對夫婦坐在一起的坐法有 12771840 種。

結語

用遞迴的方式定義數列其實和上一篇用遞迴的方式定義函數相當類似，因為數列可以看成是定義域為自然數所成的集合的函數。

數列的遞迴定義方式雖然沒有像用通式那麼直接了當，但是這種方式可以表示的數列種類卻比用通式更多，而且在許多情況下更方便，因為有許多數列的通式是很難求得的；對於這類數列，當我們想要知道數列的某一項是多少，常可迂迴地先將該數列以遞迴的

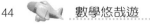

方式定義，再由初始條件開始逐項往後算出所要的值。

　　當然，如果我們想要很快地算出數列的某一項（例如：第 100 項）的值，我們會比較希望該數列是用通式的方式表示，因為這樣的話只要經過一定數量的計算就能得到結果；如果是用遞迴的方式定義，一個表面上看起來不複雜的遞迴關係背後卻可能隱含著可觀的計算量，使得即使是透過電腦快速的計算能力都不能在短時間內算出結果；因為這個原因，數學家發展出了許多由遞迴的定義推導出通式的方法；第 2 篇我們已經看過了一部分這方面的技巧，本書的第 9 篇及第 11 篇對這方面將會有更多的介紹。

 練習題

1. 長度為 8 的位元字串中，有多少個字串含有連續三個 0？

2. 以遞迴的方式定義數列 $a_1, a_2, a_3, \cdots$。

　(a) $a_n = 3^n$　(b) $a_n = n!$　(c) $a_n = 1 + (-1)^{n-1}$　(d) $a_n = 4n + 3$

3. 一個 3×3 的棋盤總共有九個小方格，如果我們要在其中的一個小方格上擺一顆石頭，總共有九種擺法，不過如果允許棋盤可以旋轉的話將只剩下下面的三種擺法：

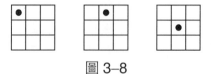

圖 3-8

假設 a_n 代表在一個 $(2n-1) \times (2n-1)$ 的棋盤上擺一顆石頭（允許棋盤可以旋轉）總共有幾種擺法；我們已知 $a_2 = 3$。試用遞迴的方

式定義數列 $a_1, a_2, a_3, \cdots$。

4. 將集合 $\{1, 2, 3, 4\}$ 分成三個非空集合的方法總共有以下六種：

$\{1\}\{2\}\{3,4\}$,　$\{1\}\{3\}\{2,4\}$,　$\{1\}\{4\}\{2,3\}$,

$\{2\}\{3\}\{1,4\}$,　$\{2\}\{4\}\{1,3\}$,　$\{3\}\{4\}\{1,2\}$.

假設 a_n 代表將集合 $\{1, 2, \cdots, n\}$ 分成三個非空集合的方法有幾種；我們已知 $a_4 = 6$。試用遞迴的方式定義數列 $a_1, a_2, a_3, \cdots$。

5. 由 0, 1, 2 等三個阿拉伯數字總共可組成 $3^3 = 27$ 個長度為 3 的字串，其中沒有兩個 1 相鄰而且沒有兩個 2 相鄰的字串有 17 個：

000,　001,　002,　010,　012,　020,

021,　100,　101,　102,　120,　121,

200,　201,　202,　210,　212.

假設 a_n 代表由 0, 1, 2 形成的長度為 n 的字串中沒有兩個 1 相鄰而且沒有兩個 2 相鄰的字串個數；我們已知 $a_3 = 17$。試用遞迴的方式定義數列 $a_1, a_2, a_3, \cdots$。

（本文原刊載於《科學教育月刊》第 243 期，原文已作部分修改）

"Can you do addition?" the White Queen asked. "What's one and one and one and one and one and one and one and one and one and one?" "I don't know, "said Alice. "I lost count."

Lewis Carroll, *Through the Looking Glass*

Whenever you can, count.

Sir Francis Galton

Mathematics is concerned only with the enumeration and comparison of relations.

Carl Friedrich Gauss

The important thing in Science is not so much to obtain new facts as to discover new ways of thinking about them.

William Lawrence Bragg

4 幾乎每個數都有 3

　　在所有的正整數中隨機選擇一數，選中的數是一個完全平方數的機率是多少？答案是 0，因為「幾乎」所有的正整數都不是完全平方數。

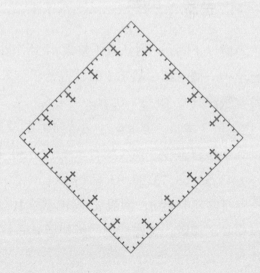

　　本篇的怪題目是在說什麼? 看完這篇文章後，您就清楚了。

　　我們先從整數的表示方式談起。從小學以來，我們都習慣於將數值以十進制的方式表示，利用一連串阿拉伯數字來表示一個數值的大小，例如: 整數 167 是由 1、6、7 等三個阿拉伯數字組成，而四位數 5225 則是由 5 與 2 兩個阿拉伯數字組成(每個數字各出現兩次) 等。當然，同一個數值在不同的進位系統裡可能有不同的表示方式，例如十進制的 18 相當於七進制的 24，又相當於三進制的 200 等。英文裡，一個整數的數值本身稱為 integer，而用來表示數值大小的一連串數字或符號則稱為 numeral; 因此我們所謂「整數 167 是由 1、6、7 等三個阿拉伯數字組成」，說得精確一點，其實是針對該整數在十進制中的表示方式而言。

含有 3 的數

　　考慮以下問題: 對任意正整數 n，所有小於 10^n 的非負整數中，含有至少一個阿拉伯數字 3 的共有幾個? 以 $n = 1$ 為例，小於 10^1 的非負整數總共有 10 個: 0, 1, 2, 3, 4, 5, 6, 7, 8, 9，其中只有一個含有 3，也就是 3 本身。當 $n = 2$，小於 10^2 的非負整數有 0 至 99 等 100 個，其中含有至少一個 3 的有 3, 13, 23, 30, 31, 32, 33, 34, 35, 36, 37, 38, 39, 43, 53, 63, 73, 83, 93 等 19 個。

　　對任意正整數 n，假設 a_n 代表小於 10^n 而且含有至少一個 3 的非負整數的個數，那麼我們已經知道 $a_1 = 1$ 及 $a_2 = 19$，以下我們希望能找出 a_n 的一般式。

　　這個問題如果用遞迴的方式來思考，我們可以問自己: 如果 a_{n-1}

的值已知,也就是小於 10^{n-1} 且含有至少一個 3 的非負整數的個數已知的話,對求出 a_n 的值有沒有幫助呢? 答案是肯定的。以我們已知的 $a_2 = 19$ 為例,這項資訊對求出 a_3 的值很有幫助,因為如果我們把所有小於 1000 的非負整數分成十等份:0 到 99、100 到 199、200 到 299、……、900 到 999 等,那麼我們已經知道第一份的 100 個整數(0 到 99)中含有至少一個 3 的非負整數有 19 個;不只如此,除了 300 至 399 較特殊外,其他八份的每一份應該也都各自包含了 19 個含有至少一個 3 的整數,而 300 至 399 這一份則是全部 100 個數都含有至少一個 3(因為百位數已經是 3)。因此

$$a_3 = 9a_2 + 100$$

或者,更廣泛地說,

$$a_n = 9a_{n-1} + 10^{n-1}$$

再配合 $a_1 = 1$ 的初始條件,我們有了數列 $a_1, a_2, a_3, \cdots$ 完整的遞迴定義:

$$a_n = \begin{cases} 1, & n = 1 \\ 9a_{n-1} + 10^{n-1}, & n > 1 \end{cases}$$

利用第 2 篇介紹的方法不難推導出 a_n 的一般式為

$$a_n = 10^n - 9^n, \ \forall n \geq 1.$$

原來是這麼簡潔的一個式子。

　　既然 a_n 的一般式這麼簡單,當然值得我們探尋是否存在著一個簡單的解釋。仔細一想,讀者很容易就能看出其中的道理,因為小於 10^n 的非負整數總共有 10^n 個,而其中完全不包含 3 的整數總共有 9^n 個(因為每個位數只有 9 種可能的選擇)。

含有 0 的數

　　由上面的推導過程，讀者不難發覺阿拉伯數字 3 其實並沒有什麼特殊之處，即使原來的問題不是問數字 3 而是問另一個阿拉伯數字，只要不是 0，答案其實都是一樣的；如果是數字 0 則情況稍有不同。我們平常在書寫一個整數時，只要這個數不是 0，我們就不會將它的最左邊的位數寫為 0，也就是說，我們不會將 167 寫成 0167 或 00167；在這樣的習慣下，對任意正整數 n，所有小於 10^n 的非負整數中，含有至少一個阿拉伯數字 0 的共有幾個呢？

　　還是由最簡單的情形開始考慮。當 $n = 1$，所有小於 10^1 的 10 個非負整數中只有一個含有 0，也就是 0 本身。當 $n = 2$，所有小於 10^2 的 100 個非負整數中含有至少一個 0 的有 0, 10, 20, 30, 40, 50, 60, 70, 80, 90 等十個。對任意正整數 n，假設 b_n 代表小於 10^n 而且含有至少一個 0 的非負整數的個數，那麼我們已經知道 $b_1 = 1$ 及 $b_2 = 10$；我們也希望能找出 b_n 的一般式。

　　如果 b_{n-1} 的值已知的話，對 b_n 的求值有沒有幫助呢？答案同樣是肯定的。如果我們把所有小於 10^n 的非負整數比照之前的分法分為十等份，那麼我們已經知道第一份的 10^{n-1} 個整數（0 到 $10^{n-1} - 1$）中含有至少一個 0 的有 b_{n-1} 個；其他九份的每一份中，完全不包含數字 0 的整數各有 9^{n-1} 個（為什麼？），因此

$$b_n = b_{n-1} + 9\,(10^{n-1} - 9^{n-1})$$

再配合 $b_1 = 1$ 的初始條件，我們有了數列 $b_1, b_2, b_3, \cdots$ 完整的遞迴定義：

$$b_n = \begin{cases} 1, & n = 1 \\ b_{n-1} + 9(10^{n-1} - 9^{n-1}), & n > 1 \end{cases}$$

由此不難推導出

$$b_n = 10^n - \frac{9}{8}(9^n - 1), \forall n \geq 1.$$

這就是我們要找的一般式。

 ## 含有 27 的數

我們再看一個類似的問題：對任意正整數 n，所有小於 10^n 的非負整數中，含有至少一個「27」（即，一個阿拉伯數字 2 緊接著一個阿拉伯數字 7）的共有幾個？在繼續往下看之前，您最好先自己試試看。

這個問題看起來雖然和前面的問題差不多，實際上是一個較難的問題；由正面著手不大容易，我們不妨試著由反面來思考。在以下的作法中，我們假設 a_n 代表小於 10^n 而且不含「27」的非負整數的個數，因此，小於 10^n 而且含有至少一個「27」的非負整數有 $10^n - a_n$ 個。

還是由最簡單的情形開始考慮。當 $n = 1$，所有小於 10^1 的 10 個非負整數全都不含「27」，因此 $a_1 = 10$。當 $n = 2$，很明顯，所有小於 10^2 的 100 個非負整數中不含「27」的有 99 個，因此 $a_2 = 99$。

當 $n \geq 3$，如果我們把所有小於 10^n 的非負整數比照之前的分法分為十等份，那麼第一份的 10^{n-1} 個整數（0 至 $10^{n-1} - 1$）中不含「27」的有 a_{n-1} 個；不僅如此，除了第三份（即以數字 2 開頭的那一份）

外，其他八份也都各自含有 a_{n-1} 個不含「27」的整數。

以 2 開頭的那一份的 10^{n-1} 個整數中，不含「27」的有幾個呢？並不是 a_{n-1} 個，沒有這麼多，因為所有小於 10^{n-1} 且不含「27」的 a_{n-1} 個非負整數中，有些整數是以 7 開頭的 $n-1$ 位數，這種整數總共有 a_{n-2} 個，而這些整數如果在最左邊補上一個 2 將會成為含有「27」的 n 位數。因此，以 2 開頭的 10^{n-1} 個 n 位數中，不含「27」的數總共有 $a_{n-1} - a_{n-2}$ 個。

有了上述推論，我們知道對所有 $n \geq 3$，以下的遞迴關係是成立的：

$$a_n = 9a_{n-1} + (a_{n-1} - a_{n-2}) = 10a_{n-1} - a_{n-2}$$

據此可以寫出數列的遞迴定義：

$$a_n = \begin{cases} 10, & n = 1 \\ 99, & n = 2 \\ 10a_{n-1} - a_{n-2}, & n > 2 \end{cases}$$

有了這個定義，對任意正整數 n，我們都能算出 a_n 的值，例如

$$a_3 = 10 \cdot 99 - 10 = 980$$
$$a_4 = 10 \cdot 980 - 99 = 9701$$
$$a_5 = 10 \cdot 9701 - 980 = 96030$$

等；讀者如果熟悉常係數線性遞迴關係的求解（詳見第 11 篇），不難由以上的遞迴定義進一步得出 a_n 的一般式：

$$a_n = \frac{1}{4\sqrt{6}} \left[\left(5 + 2\sqrt{6}\right)^{n+1} - \left(5 - 2\sqrt{6}\right)^{n+1} \right]$$

因此，對任意正整數 n，所有小於 10^n 的非負整數中，含有至少一個「27」的總共有

$$10^n - \frac{1}{4\sqrt{6}}\left[(5 + 2\sqrt{6})^{n+1} - (5 - 2\sqrt{6})^{n+1}\right]$$

個。

　　最後讓我們再回頭看看本篇一開始的問題；我們已經知道所有小於 10^n 的非負整數中有 $10^n - 9^n$ 個整數包含了至少一個 3，就比率而言，含有 3 的整數占了全部的

$$\frac{10^n - 9^n}{10^n} = 1 - \left(\frac{9}{10}\right)^n$$

隨著 n 的增大，含有 3 的整數的比率將越來越大：

n	10^n	含有 3 的整數的個數
1	10	1
2	100	19
3	1000	271
4	10000	3439
5	100000	40951
6	1000000	468559
7	10000000	5217031
8	100000000	56953279
9	1000000000	612579511
10	10000000000	6513215599

　　當 n 趨於無窮大，比值將趨近於 1；因此，就全部無窮多個非負整數而言，「幾乎每個數都有 3」。

 練習題

1. 所有小於 7^{10} 的七進制非負整數中，含有至少一個阿拉伯數字 4 的共有幾個？

2. 對任意正整數 n，所有小於 b^n 的 b 進制非負整數中，含有至少一

個阿拉伯數字 0 的共有幾個?

3. 對任意正整數 n，所有小於 3^n 的 3 進制非負整數中，含有至少一個「201」的共有幾個?（寫出遞迴定義即可）

4. 對全部無窮多個正整數而言，幾乎每個數都含有 1、2、3、4、5 等五個阿拉伯數字至少各一個，為什麼?

（本文原刊載於《科學教育月刊》第 247 期，原文已作部分修改）

遞迴點線面

點、線、面是一般人熟知的幾何概念。
本文由淺入深，利用遞迴的觀念來探討幾
個與幾何圖形有關的計數問題。

平面上的 n 條直線最多可將平面劃分成幾個區域？空間中的 n 個球面最多可將空間切割成多少塊？這類計數問題常可透過遞迴關係來解決。在第 3 篇中我們曾經看過兩個這方面的例子；本篇中，讀者將看到更多遞迴關係在此類問題的應用。

對角線的個數

考慮以下問題：對任意大於 2 的正整數 n，一個凸 n 邊形總共有幾條對角線？

一個凸 n 邊形有 n 個頂點及 n 條邊。假設 a_n 代表一個凸 n 邊形的對角線個數；由於三角形沒有對角線，因此 $a_3 = 0$；由於四邊形有兩條對角線，$a_4 = 2$。我們希望能求得數列 $a_3,\ a_4,\ a_5,\ \cdots$ 的一般式。

假設我們已知一個凸 $(n-1)$ 邊形的對角線有 a_{n-1} 條；如果再增加一個新的頂點而使得多邊形成為凸 n 邊形，對角線會增加幾條呢？新加入的頂點與原來的 $n-1$ 個頂點中某兩個頂點的連線構成了 n 邊形的兩條邊；這兩個舊頂點的連線原來是 $(n-1)$ 邊形的一條邊，在新的頂點加入後，這條線卻成了 n 邊形的一條對角線。除了這兩個舊頂點不算，新加入的頂點與其他的 $n-3$ 個舊頂點的每個點的連線都會是新多邊形的一條對角線，因此新加入的第 n 個頂點使得對角線增加了 $1+(n-3)=n-2$ 條，也就是說，$a_n = a_{n-1} + n - 2$；再配合數列的初始條件，我們有了完整的遞迴定義：

$$a_n = \begin{cases} 0, & n = 3 \\ a_{n-1} + n - 2, & n > 3 \end{cases}$$

由此不難解得數列的一般式為

$$a_n = \frac{n(n-3)}{2}, \forall n \geq 3.$$

讀者也許已經察覺，就這個問題而言，遞迴的作法未必是最好的作法。一個更「漂亮」的作法是注意到由 n 個頂點可決定 $C(n, 2)$ 條線段，這 $C(n, 2)$ 條線段當中只有 n 條不是 n 邊形的對角線，它們是作為圍成 n 邊形的 n 條邊，因此一個凸 n 邊形的對角線總共有 $C(n, 2) - n$ 條，而

$$C(n, 2) - n = \frac{n(n-1)}{2} - n = \frac{n(n-3)}{2}$$

與遞迴作法的答案相同。

🐟 對角線的交點

請問：對任意大於 3 的正整數 n，一個凸 n 邊形的所有對角線在多邊形內部總共有幾個交點?(假設對角線之間在多邊形內部沒有三線共點的情形。)

假設 a_n 代表一個凸 n 邊形的所有對角線之間的交點數；由於四邊形的兩條對角線之間有一個交點，很顯然 $a_4 = 1$。

考慮任意一個凸 $(n-1)$ 邊形。假設我們將其頂點依順時鐘方向命名為 $V_1, V_2, \cdots, V_{n-1}$，而且已知它的所有對角線之間有 a_{n-1} 個交點。如果我們在 V_1 與 V_{n-1} 之間插入一個新的頂點 V_n，對角線間的交點會增加幾個呢? 很明顯，新的交點必定全都位於與 V_n 相連的「新」對角線上；與 V_n 相連的新對角線總共有 $n-3$ 條，分別是 V_n 與 $V_2, V_3, \cdots, V_{n-2}$ 等 $n-3$ 個點的連線，我們希望能夠知道在這 $n-3$ 條對角線上總共增加了多少個交點。

　　考慮任意一條新的對角線 $\overline{V_nV_k}$，其中 $2 \leq k \leq n-2$；這條對角線將凸 n 邊形一分為二，也將其他 $n-2$ 個頂點分成了兩群，其中一群含有 $V_1, V_2, \cdots, V_{k-1}$ 等 $k-1$ 個頂點，另一群則含有 $V_{k+1}, V_{k+2}, \cdots, V_{n-1}$ 等 $n-k-1$ 個頂點。因所有與 $\overline{V_nV_k}$ 有交點的對角線的兩個端點分別屬於被 $\overline{V_nV_k}$ 隔開的兩群，所以線段 $\overline{V_nV_k}$ 上總共有 $(k-1)(n-k-1)$ 個與其他對角線的交點；這些交點都是「新」的，都是由於加入新的頂點 V_n 而產生的。以上的論述對所有的 k 都適用，因此，新加入的頂點 V_n 總共可以讓對角線間的交點增加

$$\sum_{k=2}^{n-2}(k-1)(n-k-1)$$

個，而

$$\sum_{k=2}^{n-2}(k-1)(n-1-k) = \sum_{k=1}^{n-3}k(n-2-k)$$

$$= (n-2)\sum_{k=1}^{n-3}k - \sum_{k=1}^{n-3}k^2$$

$$= \frac{(n-2)^2(n-3)}{2} - \frac{(n-3)(n-2)(2n-5)}{6}$$

$$= \frac{(n-1)(n-2)(n-3)}{6}$$

再配合數列的初始條件，我們有了完整的遞迴定義：

$$a_n = \begin{cases} 1, & n=4 \\ a_{n-1} + \dfrac{(n-1)(n-2)(n-3)}{6}, & n>4 \end{cases}$$

　　由這個遞迴定義我們已經可以求出任意一個凸 n 邊形的所有對角線間的交點個數。另外，由於

$$\frac{(n-1)(n-2)(n-3)}{6}$$

$$= \frac{4\,(n-1)(n-2)(n-3)}{24}$$

$$= \frac{(n-(n-4))(n-1)(n-2)(n-3)}{24}$$

$$= \frac{n(n-1)(n-2)(n-3)}{24} - \frac{(n-1)(n-2)(n-3)(n-4)}{24}$$

$$= C(n, 4) - C(n-1, 4)$$

因此我們又可以將數列的遞迴定義改寫為

$$a_n = \begin{cases} 1, & n = 4 \\ a_{n-1} + C(n, 4) - C(n-1, 4), & n > 4 \end{cases}$$

由這個定義很容易可以推導出數列的一般式為

$$a_n = C(n, 4) = \frac{n(n-1)\,(n-2)\,(n-3)}{24}, \ \forall n \geq 4.$$

　　既然一般式這麼簡單，值得我們探尋是否存在著簡單的解釋；仔細一想，我們就了解為什麼 a_n 會等於 $C(n, 4)$ 了，因為一個凸多邊形的任意四個頂點恰好決定了一組（兩條）相交的對角線，因此也恰好決定了對角線之間的一個交點（見圖 5–1）。

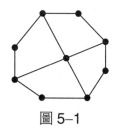

圖 5–1

　　當我們求出與 V_n 相連的對角線上有 $(n-1)(n-2)(n-3)/6$ 個交點後，如果不用遞迴的觀點，其實也可以求得 a_n 的一般式，因為

根據相同的推導過程，其實不只是 V_n，與其他任何一個頂點相連的 $n-3$ 條對角線上也都有 $(n-1)(n-2)(n-3)/6$ 個交點；不過所有對角線間的交點個數並不是 n 乘以 $(n-1)(n-2)(n-3)/6$，這樣算的話每個交點都被算了四次，因此再除以 4 就對了：

$$\frac{(n-1)(n-2)(n-3)}{6} \times \frac{n}{4} = C(n, 4)$$

在第 3 篇我們曾經看過兩個與切割平面有關的問題，由遞迴的作法不難得知 n 條直線最多可將平面切成 $1 + n(n+1)/2$ 個區域，而如果任意兩個橢圓之間都有正好兩個交點，那麼 n 個橢圓會將平面切成 $n^2 - n + 2$ 個區域。以下是另外三個相關的問題。

平面的切割

請問：對任意正整數 n，平面上的 n 個圓最多可將平面切成幾個區域？

為了要讓切成的區域數儘量多，這 n 個圓當中不應該有任何兩個圓互相重合，也不應該有任何三個圓交於同一點，而且這 n 個圓之間的交點數應該儘量多。

既然任意兩個不重合的圓之間最多有兩個交點，這個問題其實和有 n 個橢圓且任意兩個橢圓間都有正好兩個交點的問題在本質上是一樣的，因此 n 個圓最多可將平面切成 $n^2 - n + 2$ 個區域。

也許您會懷疑是否對任意正整數 n，我們都能在紙上畫出 n 個兩兩之間各有兩個交點的圓，這是辦得到的；以下是 $n=3$ 及 $n=4$ 時可能的情形：

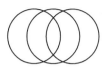

圖 5-2　　三個圓，區域數為 8

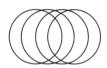

圖 5-3　　四個圓，區域數為 14

讀者不難看出這樣的畫法可以輕易地擴展到更大的 n 值。

空間的切割

考慮以下問題：對任意正整數 n，空間中的 n 個平面最多可將空間切成幾個區域？

為了要讓切成的區域數儘量多，這 n 個平面當中不應該有任何兩個平面互相平行或重合，也不應該有任何三個平面共線。假設 a_n 代表空間中的 n 個平面最多可將空間切成的區域數；很明顯 $a_1 = 2$。我們希望能求得數列 $a_1, a_2, a_3, \cdots$ 的一般式。

還是以遞迴的方式來思考。假設空間中已經存在 n 個平面，而且它們之間位置的安排使得空間被切成了 a_n 個區域。現在我們要再加入一個平面，而且希望這第 $n + 1$ 個平面能夠讓空間中新增加的區域數儘量多。

由於這個新的平面不與任何已存在的平面平行或重合，因此它與原來的 n 個平面交於 n 條直線，這 n 條直線都落在這個新的平面

上，而且沒有任何兩條直線互相平行或重合。我們已經看過，這樣的安排會將平面劃分為 $1 + n(n+1)/2$ 個區域，而新平面上由這 n 條直線劃分出來的每個區域其實都會將空間中由原來的 n 個平面切出來的某個區域一分為二，因此新加入的第 $n+1$ 個平面會讓空間中增加 $1 + n(n+1)/2$ 個區域；再配合數列的初始條件，我們有了完整的遞迴定義：

$$a_{n+1} = \begin{cases} 2, & n = 0 \\ a_n + 1 + n(n+1)/2, & n > 0 \end{cases}$$

由此不難推導出數列的一般式為

$$a_n = 1 + \frac{n(n^2 + 5)}{6}, \ \forall n \geq 1.$$

再看一個例子：對任意正整數 n，空間中的 n 個球面最多可將空間切成幾個區域？

為了要讓切成的區域數儘量多，這 n 個球面當中不應該有任何兩個球面互相重合，或完全不相交，或只交於一點（相切）。假設 a_n 代表空間中的 n 個球面最多可將空間切成的區域數；很明顯 $a_1 = 2$。我們希望能求得數列 $a_1, a_2, a_3, \cdots$ 的一般式。

還是以遞迴的方式來思考。假設空間中已經存在 n 個球面，而且它們之間位置的安排使得空間被切成了 a_n 個區域。現在我們要再加入一個球面，而且希望這個第 $n+1$ 個球面能夠讓空間中新增加的區域數儘量多。

由於這個新的球面不與任何已存在的球面重合，或完全不相交，或只交於一點，因此它與原來的 n 個球面交於 n 個「圓」，這 n 個圓都落在這個新的球面上，而且沒有任何兩個圓互相重合，或完全不

相交，或相切；換句話說，球面上的這 n 個圓當中，任意兩個圓之間都有正好兩個交點。我們前面已經看過，這樣的安排會將球面劃分為 $n^2 - n + 2$ 個區域，而新球面上由這 n 個圓劃分出來的每個區域其實都會將空間中由原來的 n 個球面切出來的某個區域一分為二，因此新加入的第 $n+1$ 個球面會讓空間中增加 $n^2 - n + 2$ 個區域；再配合數列的初始條件，我們有了完整的遞迴定義：

$$a_{n+1} = \begin{cases} 2, & n = 0 \\ a_n + n^2 - n + 2, & n > 0 \end{cases}$$

由此不難推導出數列的一般式為

$$a_n = \frac{n(n^2 - 3n + 8)}{3}, \ \forall n \geq 1.$$

 結語

遞迴的思考方式對處理計數問題而言確實相當重要，可以有效地解決許多不同類型的難題，不過畢竟不是萬靈丹；我們在本篇的某些問題也看到，有些問題用遞迴的方式做起來就不是那麼漂亮，不見得是最好的作法。做數學題目本來就應該多方嘗試，不拘泥於定法，隨時要能敞開心胸，保持彈性；這才是真正不變的法則。

練習題

1. 一個球面上的 n 個大圓最多可將球面分成幾個區域?

2. 一個凸 n 邊形的所有對角線在多邊形內部最少有幾個交點?

3. 一個凸 n 邊形的所有對角線將多邊形內部分成了幾個區域?(假設對角線之間沒有三線共點的情形。)

4. 一個凸 n 邊形的內部總共有幾個三角形同時滿足以下兩個性質?

　(1)三角形的三個頂點是凸 n 邊形的某三個頂點。

　(2)三角形的三條邊是凸 n 邊形的某三條對角線。

　以 $n=7$ 為例, 符合要求的三角形有七個:

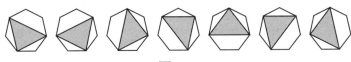

圖 5–4

(本文原刊載於《科學教育月刊》第 252 期, 原文已作部分修改)

6 慎用數學歸納法

「水能載舟，亦能覆舟」。數學歸納法儘管好用，證明過程中的許多細節卻不容輕忽。

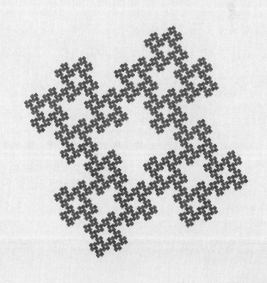

數學歸納法 (Mathematical Induction) 雖然是一項強而有力的證明工具，在使用上稍一不慎，卻很容易讓證明有瑕疵，或因此導出錯誤甚至荒謬的結論；本文將透過例子來說明一般人易犯的幾種錯誤。

同年同月同日生

某人想用數學歸納法證明「對任意 n 個人而言，他們的生日一定都在同一天。」他的證明如下：

BASIS STEP：

當只有一個人 ($n = 1$) 時，說法顯然為真。

INDUCTIVE STEP：

假設「對任意 k 個人而言，他們的生日一定都在同一天」為真，則當有 $k + 1$ 個人（編號 $1, 2, \cdots, k + 1$）時，根據假設，第 1 人至第 k 人（共 k 個人）一定在同一天出生，而且第 2 人至第 $k + 1$ 人（共 k 個人）也一定在同一天出生：

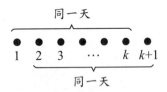

由此可知這 $k + 1$ 個人全部都在同一天出生，根據數學歸納法得證。

您看得出他錯在哪裡嗎？此人在 Inductive step 作出

$$\begin{cases} \text{第 1 人至第 } k \text{ 人在同一天出生} \\ \text{第 2 人至第 } k+1 \text{ 人在同一天出生} \end{cases} \Rightarrow \begin{array}{l} \text{所有 } k+1 \text{ 個人都在同一天} \\ \text{出生} \end{array}$$

的推論是以第 1 至第 k 人及第 2 至第 $k+1$ 人這兩群人（看作兩個集合）有交集為前提，也就是 k 須大於 1；當 $k=1$ 時，這兩群人（第 1 人至第 1 人及第 2 人至第 2 人）其實並無交集，因此不能作出如上的推論。既然有某個 k 使得推論不成立，此證明即無法由此 k 再往後推進。

 ## 幾何中的例子

　　某人想用數學歸納法證明「平面上的任意 n 條直線中如果沒有任何兩條線互相平行，則所有這 n 條直線必相交於一點。」他的證明如下：

BASIS STEP:

　　當只有一條直線（$n=1$）時，說法顯然為真。

INDUCTIVE STEP:

　　假設「任意 k 條互相皆不平行的直線必相交於一點」為真，則當有 $k+1$ 條直線（編號 $1, 2, \cdots, k+1$）時，根據假設，第 1 條至第 k 條直線（共 k 條線）必相交於一點，第 2 條至第 $k+1$ 條直線（共 k 條線）也必相交於一點。由於兩條互相不平行的直線只能有一個交點，因此前 k 條直線相交的點與後 k 條直線相交的點必為同一點，由此可知所有 $k+1$ 條直線皆通過同一點，根據數學歸納法得證。

　　此人要證明的敘述很明顯是錯的；他在證明過程中所犯的錯誤與上個問題類似，您看出來了嗎？他在 Inductive step 要作出

$$\begin{cases} \text{第 1 條至第 } k \text{ 條線有一共同點} \\ \text{第 2 條至第 } k+1 \text{ 條線有一共同點} \end{cases} \Rightarrow \text{所有 } k+1 \text{ 條線通過同一點}$$

是以 k 大於 2 為前提;當 $k=2$ 時,由第 1 條線與第 2 條線有交點及第 2 條線與第 3 條線有交點並不能保證此三線通過同一點;既然三條線時無法作此推論,此證明即無法由三條線的情形繼續推出更多條線的情形。

代數方面的例子

某人想用數學歸納法證明對所有正整數 n,下式一定成立:

$$n = \sqrt{1+(n-1)\sqrt{1+n\sqrt{1+(n+1)\sqrt{1+(n+2)\sqrt{1+(n+3)\cdots}}}}}$$

他的證明如下:

BASIS STEP:

當 $n=1$ 時,等號兩邊都等於 1,說法成立。

INDUCTIVE STEP:

假設 $n=k$ 時說法成立,即

$$k = \sqrt{1+(k-1)\sqrt{1+k\sqrt{1+(k+1)\sqrt{1+(k+2)\sqrt{1+(k+3)\cdots}}}}}$$

成立;要證明當 $n=k+1$ 時也成立,將上式等號兩邊分別平方:

$$k^2 = 1+(k-1)\sqrt{1+k\sqrt{1+(k+1)\sqrt{1+(k+2)\sqrt{1+(k+3)\cdots}}}}$$

整理可得

$$\frac{k^2-1}{k-1} = k+1 = \sqrt{1+k\sqrt{1+(k+1)\sqrt{1+(k+2)\sqrt{1+(k+3)\cdots}}}}$$

而這正是要證明的式子在 $n = k + 1$ 時的情形，因此根據數學歸納法得證。

以上的證明有毛病，因為只有當 $k \neq 1$ 時才可以有

$$\frac{k^2 - 1}{k - 1} = k + 1$$

的推論，而 $k = 1$ 卻是 induction 的第一步！既然無法由 $n = 1$ 的情形推出 $n = 2$ 的情形，之後的所有正整數也都無法推出。

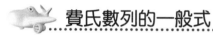

費氏數列的一般式

費氏數列 (Fibonacci numbers) 的定義如下：

$$f_n = \begin{cases} 0, & n = 0 \\ 1, & n = 1 \\ f_{n-2} + f_{n-1}, & n > 1 \end{cases}$$

由此定義可推知此數列的前幾項依序為 $0, 1, 1, 2, 3, 5, 8, 13, 21, \cdots$。

某人想用數學歸納法證明此數列的一般式為

$$f_n = \frac{1}{\sqrt{5}} \left(\left(\frac{1 + \sqrt{5}}{2} \right)^n - \left(\frac{1 - \sqrt{5}}{2} \right)^n \right)$$

他的證明如下：

BASIS STEP：

當 $n = 0$ 時，

$$\frac{1}{\sqrt{5}} \left(\left(\frac{1 + \sqrt{5}}{2} \right)^0 - \left(\frac{1 - \sqrt{5}}{2} \right)^0 \right) = \frac{1}{\sqrt{5}} (1 - 1) = 0 = f_0, \quad \text{式子成立。}$$

INDUCTIVE STEP:

假設式子對所有 $n = 0, 1, 2, \cdots, k$ 皆成立，則當 $n = k + 1$ 時，

$f_{k+1} = f_{k-1} + f_k$

$$= \frac{1}{\sqrt{5}}\left(\left(\frac{1+\sqrt{5}}{2}\right)^{k-1} - \left(\frac{1-\sqrt{5}}{2}\right)^{k-1}\right) + \frac{1}{\sqrt{5}} \times$$

$$\left(\left(\frac{1+\sqrt{5}}{2}\right)^{k} - \left(\frac{1-\sqrt{5}}{2}\right)^{k}\right) \text{（由假設）}$$

$$= \frac{1}{\sqrt{5}}\left(\left(\frac{1+\sqrt{5}}{2}\right)^{k-1}\left(1+\frac{1+\sqrt{5}}{2}\right) - \left(\frac{1-\sqrt{5}}{2}\right)^{k-1}\left(1+\frac{1-\sqrt{5}}{2}\right)\right)$$

$$= -\frac{1}{\sqrt{5}}\left(\left(\frac{1+\sqrt{5}}{2}\right)^{k-1}\left(\frac{3+\sqrt{5}}{2}\right) - \left(\frac{1-\sqrt{5}}{2}\right)^{k-1}\left(\frac{3-\sqrt{5}}{2}\right)\right)$$

$$= \frac{1}{\sqrt{5}}\left(\left(\frac{1+\sqrt{5}}{2}\right)^{k-1}\left(\frac{1+\sqrt{5}}{2}\right)^{2} - \left(\frac{1-\sqrt{5}}{2}\right)^{k-1}\left(\frac{1-\sqrt{5}}{2}\right)^{2}\right)$$

$$= \frac{1}{\sqrt{5}}\left(\left(\frac{1+\sqrt{5}}{2}\right)^{k+1} - \left(\frac{1-\sqrt{5}}{2}\right)^{k+1}\right)$$

而這正是要證明的式子在 $n = k + 1$ 時的情形，因此根據數學歸納法得證。

以上的證明有毛病，您看出來了嗎？

此人在 Inductive step 要開始由 f_0 與 f_1 推導出 f_2 前，必須先確定所要證明的一般式對 $n = 0$ 及 $n = 1$ 皆成立，這項工作必須在 Basis step 完成；因此，以上的證明在 Basis step 除了驗證當 $n = 0$ 時成立外，還須驗證當 $n = 1$ 時，

$$\frac{1}{\sqrt{5}}\left(\left(\frac{1+\sqrt{5}}{2}\right)^{1}-\left(\frac{1-\sqrt{5}}{2}\right)^{1}\right)=\frac{1}{\sqrt{5}}(\sqrt{5})=1=f_1$$

也成立，否則在 Inductive step 是無法往後推的。

　　從另一個角度來看，上面的數學歸納法證明過程中，完全沒有用到 f_1 的值，也就是說，如果有另一數列如下：

$$f_n=\begin{cases}0, & n=0 \\ 200, & n=1 \\ f_{n-2}+f_{n-1}, & n>1\end{cases}$$

如果上面的數學歸納法證明是對的，那麼它也同樣證明出新數列的一般式與費氏數列的一般式完全一樣，這當然一定有問題。

尤拉公式的「證明」

　　某人想用數學歸納法證明圖論中的尤拉公式 (Euler's formula)：對平面上任意一個連通的平面圖 (connected planar graph) 而言，如果此圖有 V 個點，E 條線，並將平面切成了 n 個區域，則必有 $V + n = E + 2$ 的關係。以圖 6–1 為例：

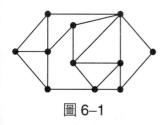

圖 6–1

此圖有 11 個點，19 條線，將平面切成了 10 個區域，而

$$11 + 10 = 19 + 2$$

他的證明過程如下：

BASIS STEP:

當 $n = 1$ 時，只有一個區域，因此沒有任何封閉區域；此人在這裡證明對任何沒有封閉區域的 connected planar graph 而言，必有 $V = E + 1$ 的關係（他還是可以用數學歸納法，Basis step 為 $V = 1$ 的情形，而 Inductive step 則假設 $V = k$ 時成立，設法導出 $V = k + 1$ 時也成立）。

INDUCTIVE STEP:

假設當 $n = k$ 時公式成立，即任何將平面切成 k 個區域的圖形皆有 $V + k = E + 2$ 的關係。考慮任意一個封閉區域，在此區域的邊上找兩條不同的邊線，在其上各加一點，然後將新加的兩個點用一條線相連，如圖 6–2 所示：

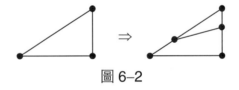

圖 6–2

則與原來的圖形相比，新圖多了一個區域，三條線，和兩個點，而

$$(V + 2) + (k + 1) = (V + k) + 3$$
$$= (E + 2) + 3 \text{（根據假設）}$$
$$= (E + 3) + 2$$

所以要證明的式子在 $n = k + 1$ 時仍然成立，因此根據數學歸納法得證。

以上的證明在 Inductive step 有毛病，您看得出他錯在哪裡嗎？

錯在新加的點和線「太特殊」了。如果一個圖要增加一條線，這條線除了連接兩個新的點外，也可能連接兩個舊的點，或是一個

新點和一個舊點；一個圖要增加新的點，新點也未必要落在舊的線上；如果依照以上證明過程所述，新的線一定連接兩個新的點，所建構出來的圖形將只是某一類很特殊的圖形。

結語

數學歸納法使用上常見的錯誤大致可分為幾個類型，有一類是由於證明者覺得要證明的性質很明顯或是太相信性質是對的，以致在證明過程中加入了一些題目沒有提及但自己認為也很明顯的「事實」，或是自己也相信是對的卻不加以證明的「假設」；另一個類型是在 Inductive step 由 $n = k$ 推導出 $n = k + 1$ 時，所用的 $k+1$ 的例子太過特殊；還有一個類型是沒有察覺到在推導過程中所用的某個推論當 n 是某些特殊的值時其實是不成立的；這些錯誤只要在證明時加以留意，應當不難避免。

練習題

1. 某人想用數學歸納法證明「對任意非負整數 n，$5n$ 必等於 0。」他的證明如下：

BASIS STEP：

當 $n = 0$ 時，$5 \cdot 0$ 的確等於 0。

INDUCTIVE STEP：

假設對所有滿足 $0 \le j \le k$ 的 j 而言，$5j$ 都等於 0。要證明此性質對 $k + 1$ 也成立，我們將 $k + 1$ 寫為 i 與 j 的和，即 $k + 1 = i + j$，其中

的 i 和 j 都是比 $k+1$ 小的非負整數；根據假設可得

$$5(k+1) = 5(i+j) = 5i + 5j = 0 + 0 = 0$$

因此根據數學歸納法得證。

以上的證明錯在哪裡？

2. 某人想用數學歸納法證明「當 $a \neq 0$，a^n 的值必為 1，其中的 n 為任意非負整數。」他的證明如下：

BASIS STEP：

當 $n = 0$ 時，a^0 確實等於 1。

INDUCTIVE STEP：

假設對所有滿足 $0 \leq j \leq k$ 的 j 而言，a^j 都等於 1。由於

$$a^{k+1} = \frac{a^k \cdot a^k}{a^{k-1}} = \frac{1 \cdot 1}{1} = 1$$

因此所要證明的性質在 $n = k+1$ 時亦成立，根據數學歸納法得證。

以上的證明錯在哪裡？

3. 某人想用數學歸納法證明「對任意正整數 n，若 x 與 y 都是正整數且 $\max(x, y) = n$，則必 $x = y$。」他的證明如下：

BASIS STEP：

當 $n = 1$ 時，如果 $\max(x, y) = 1$ 且 x 與 y 都是正整數，x 與 y 顯然都等於 1。

INDUCTIVE STEP：

假設當 $n = k$ 時性質成立，也就是如果 x 與 y 都是正整數且 $\max(x, y) = k$，則 x 與 y 一定相等。要證明此性質在 $n = k+1$ 時也成立，由於如果 $\max(x, y) = k+1$，必有 $\max(x-1, y-1) = k$，而由假設

可得 $x-1=y-1$，也就是 $x=y$，因此所要證明的性質在 $n=k+1$ 時亦成立，根據數學歸納法得證。

以上的證明錯在哪裡？

（本文原刊載於《數學傳播》第二十六卷第一期，原文已作部分修改）

Obviousness is always the enemy of correctness.

Bertrand Russell

We often hear that mathematics consists mainly of "proving theorems." Is a writer's job mainly that of "writing sentences?"

Gian-Carlo Rota

Everything should be made as simple as possible, but no simpler.

Albert Einstein

There is always an easy solution to every problem—neat, plausible, and wrong.

H. L. Mencken

Music is the pleasure the human soul experiences from counting without being aware that it is counting.

Gottfried Whilhem Leibniz

7

Catalan Numbers

　　如同費氏數列，Catalan numbers 也是離散數學中相當重要的一個數列；許多不同類型的計數問題都會和它們「不期而遇」。

小明的家及上班的地點分別位於下圖中坐標為 (0, 0) 及 (10, 10)的位置，圖 7–1 中的直線與橫線代表著道路。假設小明想由家裡出發，循最短的路徑到達上班地點，也就是說，他隨時不是向東就是向北，請問他總共有幾種走法？

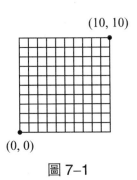

(10, 10)

(0, 0)

圖 7–1

　　這是一個簡單的問題。不管小明怎麼走，他都須向東及向北各走 10 格，如果我們將向東一格及向北一格分別用一個 E 及一個 N 來表示，那麼小明的任何一種走法都可以用一個包含了 10 個 E 及 10 個 N 的字串來描述；反過來說，任何一個由 10 個 E 及 10 個 N 組成的字串就對應到一種可能的走法。因此，由 10 個 E 及 10 個 N 可組成多少個字串就對應到小明有多少種走法，而這個數很顯然是由 20 個位置中選出 10 個來作為 E 的位置的方法數，也就是 $C(20, 10)$；一旦選定了 10 個 E 的位置，剩下的位置也就是 10 個 N 的位置。

加上一條限制

假設有一條河流筆直地流經小明的家及上班的地點，這兩個處所都位於河的東側；由於河上沒有任何橋樑可供兩岸往來，因此小明上班的路徑無法跨過這條河流（也就是圖中連接 $(0, 0)$ 與 $(10, 10)$ 的對角線）；每當小明向北碰到對角線就不得不轉向東行。在這樣的限制下，我們想要知道小明有多少種走法。圖 7–2 顯示了三條可能的路徑：

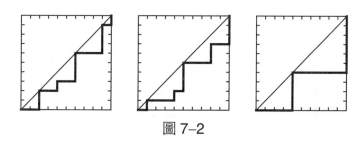

圖 7–2

如果我們沿用前述以 E 和 N 來描述路徑的方式，那麼圖 7–2 的最左邊的圖顯示的路徑相當於

EENNEENEENNNEEENNNEN

中間的圖顯示的路徑相當於

ENEEENENNNEEENNEENNN

最右邊的圖顯示的路徑則相當於

EEEENNNNEEEEEENNNNNN

讀者不難看出這種字串的開頭第一個字母一定是 E，最後一個字母一定是 N，也就是說，小明一開始一定是向東，而抵達終點時

一定是朝北。

　　如果沒有河流的限制，我們已經知道小明總共有 $C(20, 10)$ 種走法，這些走法可以分為兩類，一類是走的過程中沒有跨過河流的（也就是符合要求的），另一類則是會跨過河流的（也就是「不可行」的）。

　　想求出符合要求的走法的總數，有了前面的經驗，我們還是可以試著由字串著手。對任意一個由 10 個 E 及 10 個 N 組成的字串，我們能否由字串本身判斷它所對應的路徑是可行的或是不可行的呢？答案是肯定的。如果小明上班的路徑沒有跨過河流，那麼由起點出發後，走的過程中不管在任何時候，他已經走過的向東的格子數絕對不會少於已經走過的向北的格子數，頂多兩數相等，也就是小明正位於對角線上（來到河邊）的情形。

　　因此對任意一個由 10 個 E 及 10 個 N 組成的字串，我們只須由最左邊一個一個字母往右看，並隨時分別注意已經看過的 E 及 N 的個數；如果檢視過程中 E 的個數時時都不小於 N 的個數，這個字串所對應的路徑就是可行的，否則就是不可行的。

　　因此，我們的工作只剩下找出由 10 個 E 及 10 個 N 組成的 $C(20, 10)$ 個字串裡面，由左往右看的過程中 E 的個數時時都不小於 N 的個數的字串有幾個就行了。雖然目標明確，這個問題其實由正面並不容易解決，以下我們試著由反面著手，先設法求出不可行的走法總共有幾種，一旦知道了，再用 $C(20, 10)$ 減去不可行的走法數就是符合要求的走法數了。

　　不可行的走法數也就是由左往右看的過程中，N 的個數會在某個時候大於 E 的個數的字串個數。舉個例子，如果某個由 10 個 E 及 10 個 N 組成的字串為

EENNNENEENNNEEENNNEE

當我們看到第五個字母時，我們已經可以確定這個字串所對應到的路徑是不可行的，因為字串最前面的五個字母包含了三個 N 及兩個 E，在第五個字母（也就是第三個 N）出現時，小明已經跨過了河流。以上字串中，在第三個 N 之前有兩個 E 及兩個 N，而第三個 N 之後還有 8 個 E 及 7 個 N；如果我們將第三個 N 之後所有的 E 以 N 取代，所有的 N 以 E 取代，所得的結果為

EENN N NENNEEENNNEEENN

其中讓小明跨過河流的第一個 N 我們特別以陰影顯示。上面的字串包含了 9 個 E 及 11 個 N，也就是 N 比 E 多兩個，這是合理的，因為原來的字串中，由最左邊看到第三個 N 為止，N 的個數已經比 E 多一個；第三個 N 之後，N 原來比 E 少一個，因此第三個 N 之後的字串經過轉換後，N 會比 E 再多一個，所以整體而言 N 會比 E 多兩個。當然，小明如果真的依上述轉換後的字串來走，即使允許他可以跨河，終點也已經不再是他上班的地點了（此時的終點坐標為 $(9, 11)$），不過這不是我們目前的重點，請讀者安心往後看就會明白了。

再舉一個例子；以下是另一個由 10 個 E 及 10 個 N 組成的「不可行」的字串：

ENENENENNENENEENENNE

我們同樣先由左而右找到第一個會使得小明跨過河流的 N（以陰影顯示），然後將其後所有的 E 以 N 取代，所有的 N 以 E 取代，得如下結果：

ENENENEN N NENENNENEEN

這又是另一個由 9 個 E 及 11 個 N 組成的字串（終點坐標也是 (9, 11)）。讀者不難看出，對任何一個由 10 個 E 及 10 個 N 組成的不可行的字串而言，經過上述步驟一定會得到一個包含 9 個 E 及 11 個 N 的字串，而且任意兩個不同的不可行的字串經過轉換後所得到的一定是兩個不同的各自包含 9 個 E 及 11 個 N 的字串；換句話說，這種轉換是「一對一」(one-to-one) 的。

　　另一方面，是不是任意一個由 9 個 E 及 11 個 N 組成的字串都一定是某個由 10 個 E 及 10 個 N 組成的不可行的字串轉換後的結果呢？答案是肯定的。對任意一個由 9 個 E 及 11 個 N 組成的字串，如果我們由左往右看，N 的個數一定會在某個時候第一次超過 E 的個數（因為整個字串中的 N 比 E 還多），我們如果將這個 N 之後所有的 E 以 N 取代，所有的 N 以 E 取代，所得結果將是一個由 10 個 E 及 10 個 N 組成的不可行的字串。舉例來說，以下是一個由 9 個 E 及 11 個 N 組成的字串：

ENENEENENENNNENENNNE

找到第一個使得 N 的個數比 E 還多的 N（以陰影顯示）之後，將其後所有的 E 以 N 取代，所有的 N 以 E 取代，可得一個由 10 個 E 及 10 個 N 組成的不可行的字串：

ENENEENENENN N NENEEEN

　　因此，前述的轉換不僅是一對一的，而且還是「映成」(onto) 的，也就是說，所有包含 10 個 E 及 10 個 N 的不可行的字串與所有包含 9 個 E 及 11 個 N 的字串之間存在著一個「映射」(bijection) 關係，由 10 個 E 及 10 個 N 可以組成的不可行字串的總數就等於由 9 個 E 及 11 個 N 可以組成的字串總數，而這個數很顯然是 $C(20, 9)$，因

此小明不跨過河流上班的走法總共有

$$C(20, 10) - C(20, 9) = \frac{20!}{(10!)(10!)} - \frac{20!}{(9!)(11!)}$$

種。

 ## 將問題一般化

我們很容易可以將上述討論一般化，以下我們假設小明的家及上班地點分別位於 $(0, 0)$ 及 (n, n) 的位置，這裡的 n 是任意正整數；前面的討論中，n 的值為 10。

首先，如果沒有河流的限制，小明上班總共有 $C(2n, n)$ 種走法；若有河流流經 $(0, 0)$ 與 (n, n)，對任意一個包含了 n 個 E 及 n 個 N 的不可行的字串而言，我們都能將它轉換成一個包含 $n-1$ 個 E 及 $n+1$ 個 N 的字串，而由 $n-1$ 個 E 及 $n+1$ 個 N 總共可組成 $C(2n, n-1)$ 個字串，因此如果小明不跨過河流上班的走法總共有 C_n 種，那麼

$$\begin{aligned}
C_n &= C(2n, n) - C(2n, n-1) \\
&= \frac{(2n)!}{(n!)(n!)} - \frac{(2n)!}{(n-1)!(n+1)!} = \frac{(2n)!}{n!(n-1)!}\left(\frac{1}{n} - \frac{1}{n+1}\right) \\
&= \frac{(2n)!}{n!(n-1)!} \cdot \frac{1}{n(n+1)} = \frac{(2n)!}{(n!)(n!)} \cdot \frac{1}{n+1} \\
&= \frac{1}{n+1}\binom{2n}{n}
\end{aligned}$$

上式在 $n = 0$ 時可得 $C_0 = 1$。由 $C_0, C_1, C_2, \cdots$ 形成的數列是數學上很有名的一個數列，英文稱為 Catalan numbers，因比利時數學家

Eugéne-Charles Catalan (1814–1894) 而得名；這個數列的最前面幾項依序為 1, 1, 2, 5, 14, 42, 132, 429, 1430, 4862, 16796, 58786, …；對任意正整數 n，此數列的相鄰兩項的比值為

$$\frac{C_n}{C_{n-1}} = \left(\frac{1}{n+1} \cdot \frac{(2n)!}{(n!)(n!)} \right) \Big/ \left(\frac{1}{n} \cdot \frac{(2n-2)!}{(n-1)!(n-1)!} \right)$$

$$= \frac{n}{n+1} \cdot \frac{(2n)(2n-1)}{n^2} = \frac{4n-2}{n+1}$$

當 n 趨於無窮大，比值將趨於 4。

 ## 數列的遞迴定義

假設由 $(0, 0)$ 至 (n, n) 而且沒有跨過河流的走法總共有 C_n 種，讓我們試試看能不能用遞迴的方式來定義數列 $C_0, C_1, C_2, \cdots$。

為了簡單起見，還是先考慮 $n = 10$ 的情形。我們可以將所有符合要求的路徑依由 $(0, 0)$ 出發後「第一次」碰到對角線的地點分為 10 類；有些路徑第一次碰到對角線的地點為 $(1, 1)$，有些為 $(2, 2)$，有些為 $(3, 3)$，……，有些為 $(10, 10)$ 等，每條路徑都有唯一的一個第一次碰到對角線的地點；如果我們能夠知道這 10 類的每一類各有幾種走法，C_{10} 應該就等於這 10 個數的和。

對任意一個大於 1 且小於 10 的正整數 k 而言，由 $(0, 0)$ 出發後第一次碰到對角線的地點為 (k, k) 的上班路徑有幾種呢？這種路徑可以看成是由前後兩段連接而成；前段是由 $(0, 0)$ 至 (k, k)，後段則是由 (k, k) 至 $(10, 10)$。如果我們能求得前段與後段各有幾種走法，前後段連起來總共的走法數應該是此兩數相乘的結果（注意：須相

乘而不是相加)。

先看前段。由於 (k, k) 是第一次碰到對角線的地點,因此小明在由 $(0, 0)$ 至 (k, k) 的途中沒有碰到對角線,也就是沒有跨過連接 $(1, 0)$ 與 $(k, k-1)$ 的直線:

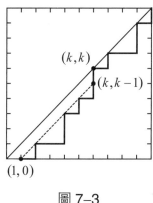

圖 7–3

因此,由 $(0, 0)$ 至 (k, k) 的途中沒有碰到對角線的走法數就等於由 $(1, 0)$ 至 $(k, k-1)$ 且沒有跨過圖 7–3 中的虛線的走法數;由於 $(k, k-1)$ 的位置相對於 $(1, 0)$ 而言是位於其向東及向北各 $k-1$ 個格子的位置,這與由 $(0, 0)$ 至 (n, n) 的問題在本質上是一樣的,只是距離不同而已,因此前段的走法有 C_{k-1} 種。

後段的情形就更簡單了;由於 $(10, 10)$ 的位置相對於 (k, k) 而言是位於其向東及向北各 $10-k$ 個格子的位置,因此後段有 C_{10-k} 種走法。前後段一起考慮,我們得知第一次碰到對角線的地點是 (k, k) 的走法總共有 $C_{k-1} \cdot C_{10-k}$ 種。

接著考慮 $k = 1$ 及 $k = 10$ 的情形。當 $k = 1$,很顯然由 $(0, 0)$ 至

$(1, 1)$只有一種走法，而由 $(1, 1)$ 至 $(10, 10)$ 有 C_9 種走法，因此 $k = 1$ 時有 $1 \cdot C_9 = C_{1-1} \cdot C_{10-1}$ 種走法（C_0 的值為 1）。當 $k = 10$，只有前段而沒有後段，而前段的走法有 C_9 種，C_9 又可以寫成 $C_{10-1} \cdot C_{10-10}$。我們的結論是：當 $n = 10$，由 $(0, 0)$ 至 $(10, 10)$ 總共有

$$C_{10} = \sum_{k=1}^{10} C_{k-1} C_{10-k} = C_0 C_9 + C_1 C_8 + \cdots + C_9 C_0$$

種走法；更具一般性地說，對任意正整數 n，由 $(0, 0)$ 至 (n, n) 總共有

$$C_n = \sum_{k=1}^{n} C_{k-1} C_{n-k} = C_0 C_{n-1} + C_1 C_{n-2} + \cdots + C_{n-1} C_0$$

種走法；再配合初始條件 $C_0 = 1$ 就構成了數列 $C_0, C_1, C_2, \cdots$ 完整的遞迴定義：

$$C_n = \begin{cases} 1, & n = 0 \\ \sum_{k=1}^{n} C_{k-1} C_{n-k}, & n > 0 \end{cases}$$

這是用遞迴的方式定義 Catalan numbers 最常見的方式，不過當然不是唯一的方式。舉例來說，由我們前面求此數列相鄰兩項比值的式子其實就可以發展出另外一個遞迴的定義：

$$C_n = \begin{cases} 1, & n = 0 \\ \dfrac{4n - 2}{n + 1} C_{n-1}, & n > 0 \end{cases}$$

投票問題

在一場選舉中，只有 A 與 B 兩位候選人，開票的結果是 A 與 B 平分秋色，雙方各得了 n 票。請問：在將票一張一張開出的過程中，

⑴ A 的得票數一路領先，直到最後一張票才被 B 追上的可能的開票過程有多少種? ⑵ A 的票數始終不比 B 少的可能的開票過程有多少種?

這兩個小題和前面我們探討過的小明的上班問題其實有密切的關聯；您能夠立刻說出這兩個小題的答案嗎?

先考慮第二小題。在前面的上班問題中，小明須向東及向北各走 n 格，而且為了不跨過河流，所走過的向東的格子數隨時都不能少於走過的向北的格子數；在現在的投票問題中，A 與 B 在開票過程中各得 n 票，而且 A 的票數隨時都不低於 B 的票數；很明顯，這兩個問題在本質上是一樣的，我們甚至也可以用一個由 n 個 A 及 n 個 B 組成的字串來描述開票的過程，一個 A 的票數始終不低於 B 的票數的開票過程就對應到一個由左而右檢視時 A 的累計次數始終不低於 B 的累計次數的字串。

舉例來說，當 $n = 3$，A 與 B 各得 3 票而且開票過程中 A 的得票數始終不低於 B 的得票數的所有可能情形有 $C_3 = 5$ 種：$ABABAB$, $ABAABB$, $AABBAB$, $AABABB$, $AAABBB$。

因此，第二小題的答案為 C_n，而第一小題我們在前面其實也討論過了，相當於由 $(0, 0)$ 出發後第一次碰到對角線的地點為 (n, n) 的情形，因此答案為 C_{n-1}。

凸多邊形的三角化

考慮以下動作：在一個凸多邊形的內部畫上一些互不相交的對角線（即頂點間的連線），使得多邊形內部被分割成許多三角形，每

個三角形的每一邊皆為多邊形的一邊或是多邊形的一條對角線；以上動作稱為多邊形的「三角化」(triangulation)。舉例來說，圖 7–4 是將一個凸五邊形三角化的所有可能情形（總共有五種可能）：

圖 7–4

　　請問：對任意一個大於 2 的正整數 n 而言，將一個凸 n 邊形三角化的方法總共有幾種?

　　這個問題可以用遞迴的方式來解決。假設 a_n 代表將一個凸 n 邊形三角化的方法數，圖 7–4 顯示了 $a_5 = 5$；我們希望用遞迴的方式來定義數列 a_3, a_4, a_5, $\cdots$。

　　首先，假設我們將一個凸 n 邊形的 n 個頂點依順時鐘方向分別命名為 v_1, v_2, $\cdots$, v_n，多邊形的 n 個邊因此是 $\overline{v_1v_2}$, $\overline{v_2v_3}$, $\cdots$, $\overline{v_{n-1}v_n}$, $\overline{v_nv_1}$。考慮其中的一邊 $\overline{v_nv_1}$；在我們依某種方式將多邊形三角化之後，$\overline{v_nv_1}$ 必定會是某個三角形的一邊，也就是說，v_1 與 v_n 必定會是某個三角形的三個頂點中的兩個，而這個三角形的第三個頂點有可能是 v_2, v_3, $\cdots$, v_{n-1} 等 $n-2$ 個點中的任何一點；如果我們能夠知道當第三個頂點是這 $n-2$ 個點中的每一點時各有幾種方法可以將多邊形三角化，a_n 應該就等於這 $n-2$ 個數的和。

　　假設以 $\overline{v_nv_1}$ 為一邊的三角形的第三個頂點為 v_k。先考慮 $3 \le k \le n-2$ 的情形，此時 $\triangle v_nv_1v_k$ 將多邊形的內部分隔成兩邊，一邊是一個以 v_1, v_2, $\cdots$, v_k 為頂點的凸 k 邊形，另一邊則是一個以 v_k, v_{k+1}, $\cdots$, v_n

為頂點的凸 $(n-k+1)$ 邊形（見圖 7–5），將這兩個多邊形三角化的方法分別有 a_k 與 a_{n-k+1} 種，因此當第三個頂點為 v_k 時，將 n 邊形三角化的方法總共有 $a_k a_{n-k+1}$ 種。

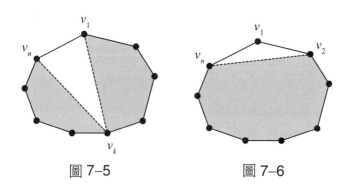

圖 7–5   圖 7–6

接著考慮 $k=2$ 的情形，由圖 7–6 不難看出，當 k 為 2，將 n 邊形三角化的方法數就等於將由 $v_2, v_3, \cdots, v_n$ 等 $n-1$ 個點圍成的凸 $(n-1)$ 邊形三角化的方法數，因此有 a_{n-1} 種；如果我們定義 $a_2=1$，那麼 a_{n-1} 可以寫為 $a_2 \cdot a_{n-1}$。同樣地，當 $k=n-1$ 時，將 n 邊形三角化的方法數就等於將由 $v_1, v_2, \cdots, v_{n-1}$ 等 $n-1$ 個點圍成的凸 $(n-1)$ 邊形三角化的方法數，同樣也有 $a_{n-1} (=a_{n-1} \cdot a_2)$ 種；因此將凸 n 邊形三角化的方法總共有

$$a_n = \sum_{k=3}^{n-2} a_k a_{n-k+1} + a_2 a_{n-1} + a_{n-1} a_2 = \sum_{k=2}^{n-1} a_k a_{n-k+1}$$

種；配合初始條件 $a_2=1$，我們有了數列 $a_2, a_3, a_4, \cdots$ 完整的遞迴定義：

$$a_n = \begin{cases} 1, & n=2 \\ \sum_{k=2}^{n-1} a_k a_{n-k+1}, & n>2 \end{cases}$$

讀者不難發現這個數列與 Catalan numbers 有密切的關係；事實上，由

$$a_{n+2} = \sum_{k=2}^{n+1} a_k a_{n-k+3} = \sum_{k=1}^{n} a_{k+1} a_{n-k+2}$$

我們很容易可以用數學歸納法證明對所有非負整數 n，$a_{n+2} = C_n$，因為這兩個數列的第一項相等 $(a_2 = C_0 = 1)$，而且如果對所有小於 n 的非負整數 k 而言，$a_{k+2} = C_k$ 都成立的話，那麼

$$a_{n+2} = \sum_{k=1}^{n} a_{k+1} a_{n-k+2} = \sum_{k=1}^{n} C_{k-1} C_{n-k} = C_n$$

因此，對任意一個大於 2 的正整數 n 而言，將一個凸 n 邊形三角化的方法總共有

$$a_n = C_{n-2} = \frac{1}{n-1} \binom{2n-4}{n-2}$$

種。

堆疊的進出

圖 7-7 所示為一長條型的裝排球用的袋子（假設袋子很長，不管裝幾粒球都不會滿出來）：

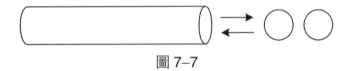

圖 7-7

已知在某段時間內，有 n 粒球曾經「進出」此袋，也就是說，每一粒球都曾經在某個時間被放入袋中，並於之後的某個時間被取

出。以 $n = 2$ 為例，放入及取出的順序總共有「放入、放入、取出、取出」及「放入、取出、放入、取出」等兩種可能。

　　請問：當 n 為任意正整數時，這 n 個放入的動作及 n 個取出的動作之間總共有幾種可能的順序？

　　這個問題很明顯又和我們前面探討的小明的上班問題類似，因為這 n 粒球的任何一種可能的進出順序都包含了 n 個放入及 n 個取出的動作（小明須向東及向北各走 n 格），而且過程中已取出的球數隨時都不會超過已放入的球數（小明已走過的向北的格子數隨時都不能超過已走過的向東的格子數）。因此，對任意正整數 n 而言，n 粒球進出袋子的可能順序總共有 C_n 種。

　　讀者如果對「資料結構」(Data Structures) 稍有涉獵，不難看出這個問題中的排球袋其實就是「堆疊」(Stacks) 的概念。

結語

　　Catalan numbers 和數學上有名的費氏數列 (Fibonacci numbers) 在某方面相當類似，就是在我們求解數學問題的過程中常常會與它們「不期而遇」，許多不同類型的計數問題都和它們有關；第 3 篇用小括號括出運算式的不同運算次序的問題就是另一個例子。看了這麼多例子，您是否覺得自己也可以「製造」出更多例子呢？不妨試試看。

練習題

1. 有一隻跳蚤在數線上來回跳躍，牠每一步的長度都正好是 1。在某段時間內，這隻跳蚤由原點出發後總共跳了 $2n$ 步，其中有 n 步是向右，n 步是向左。

   (1)試證牠的最後位置一定是原點。

   (2)有多少種跳法會使得牠在跳躍過程中所有的落腳點都是非負整數？

2. 小明帶著 $2n$ 支冰棒到街上販賣，每支賣五元；在一段時間內，有 $2n$ 人陸續向他買走了所有的冰棒。已知小明出門時身上並沒帶錢，而販賣過程中有 n 人是直接拿五元向他買，另外 n 人拿的則是十元（因此須找五元）；所幸販賣過程中始終未曾發生該找五元卻找不出五元的情形。請問可能的販賣過程有多少種？

3. 用六條等長的線段總共可排出以下五座「山」（每條線段的方向皆為左下右上或是左上右下）：

圖 7–8

   一般而言，用 $2n$ 條等長的線段總共可排出幾座山？

4. 有 $2n$ 個人圍著一張圓桌而坐。請問：有幾種方式可以讓每個人同時伸出一隻手與另一人相握，而且不會發生手臂互相重疊的情形？以 $n = 3$ 為例，總共有以下五種可能的握法：

圖 7–9

5. 數列 $a_1, a_2, \cdots, a_n$ 的每一項都是整數，而且滿足 $1 \le a_1 \le a_2 \le \cdots \le a_n$ 且 $a_i \le i$。對任意正整數 n，這樣的數列總共有幾種？以 $n = 3$ 為例，有以下五種可能： 111, 112, 113, 122, 123。

6. 假設 A 為將一個凸 $(n+2)$ 邊形三角化的所有方法所成的集合，B 為以括號括出 $n+1$ 個數的相乘順序的所有方法所成的集合，我們由本文及第 3 篇的內容可知 A 與 B 各自含有 C_n 個元素；試為 A 與 B 的元素間找到一個一對一且映成的對應關係。

（本文原刊載於《科學教育月刊》第 247 期，原文已作部分修改）

A moment's insight is sometimes worth a life's experience.

Oliver Wendell-Holmes

Mathematics consists of proving the most obvious thing in the least obvious way.

George Pólya

A mathematician, like a painter or a poet, is a maker of patterns. If his patterns are more permanent than theirs, it is because they are made with ideas.

G. H. Hardy

Good judgment comes from experience, and experience comes from bad judgment.

Barry LePatner

8

河內塔問題

　　每次在課堂上介紹河內塔問題或是由計算兔子的數量引導出費氏數列，總能令學生們的眼睛為之一亮。數學家真該多發明些淺顯易懂的例子，必能改變一般人對數學的刻板印象。

一平面上豎著 A、B、C 三根木樁，其中的木樁 A 由上而下套著由小而大八個大小相異的圓環，如圖 8-1 所示：

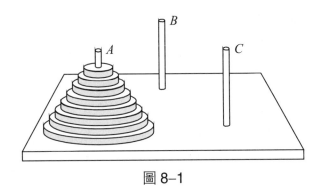

圖 8-1

假設我們想要將這八個圓環由木樁 A 搬到木樁 C，而且搬動過程受到以下三項限制：

1. 一次只能搬動一個圓環。
2. 每次搬動都須由某根木樁搬到另一根木樁，圓環不能被暫時放到其他地方。
3. 對任何木樁上的任意兩個相疊的圓環而言，上面的圓環一定要比下面的圓環小。

請問：要完成此項工作最少須搬動圓環幾次？

這是有名的河內塔問題 (Tower of Hanoi problem)，由法國數學家 Édouard Lucas (1842–1891) 於 1883 年提出，當年並被製成玩具來販售；他在描述這個問題的時候編了一個小故事：在印度的某座古老的寺廟前矗立著三根鑲滿了鑽石的柱子，其中之一由上而下套著由小而大 64 個黃金打造的圓盤；根據當地的傳說，當廟裡的和尚在上述限制下將這 64 個圓盤成功地移到另一根柱子的剎那，世界將會

毀滅。

 ## 一般化的河內塔問題

　　河內塔問題中圓環的個數為 8，上述故事中圓環的個數為 64；讓我們考慮一個更具一般性的問題：當木樁 A 一開始套著 n 個圓環時，最少須搬動幾次？其中的 n 是任意正整數。

　　您也許根本就懷疑這項工作是否能被完成；經由簡單的試驗，不難發覺至少當 n 不太大時這項工作是可以被完成的。當 $n=1$ 時，很顯然只須搬動一次；當 $n=2$ 時，不難發現只須搬動三次；當 $n=3$ 時，最少須搬動七次。n 等於 3 的情形已經比 n 等於 1 或 2 的情形難了不少，最好（即次數最少）的搬法已經不是顯而易見；在繼續往下看之前，請您利用一點時間確實找出只須七次的搬法（可利用身邊不同大小的硬幣三枚來模擬三個不同尺寸的圓盤）。

　　利用七次搬動將三個圓環由 A 移到 C 的搬法如下：

　　　　1. $A \to C$　　　5. $B \to A$

　　　　2. $A \to B$　　　6. $B \to C$

　　　　3. $C \to B$　　　7. $A \to C$

　　　　4. $A \to C$

其中 $A \to C$ 是表示將木樁 A 最上面的圓環由 A 取出，套到木樁 C 上，其餘依此類推。

　　如果我們定義 a_n 為將 n 個圓環由某根木樁移到另一根木樁所需的最少搬動次數，那麼我們已經知道 $a_1=1$，$a_2=3$，$a_3=7$，我們希望能求出 a_n 的一般式。

請注意我們所定義的 a_n 是移動 n 個圓環所需「最少」的次數；不管 n 是多少，完成此項工作其實都有許多不同的作法。舉例來說，當 $n = 1$ 時，最好的搬法是將唯一的圓環由木樁 A 直接移到木樁 C 上，但這並不是唯一的搬法，另一種搬法是 $A \to B \to C \to A \to B \to A \to C$，共搬了六次。因此，即使簡單如只有一個圓環的情形，這項工作也有無窮多種方法可以完成。

當 $n = 3$ 時，前述最好的搬法其實可以看成是分為三個階段。我們注意到最大的圓環在整個過程中只被搬了一次，為了要能將最大的圓環由 A 搬至 C，在搬最大的圓環之前，位於最大的圓環上方的兩個較小的圓環必須先被移到木樁 B 上，這需要三次搬動；而當最大的圓環由 A 被搬到 C 後，較小的兩個圓環接著由 B 被搬到 C，這需要另外三次搬動，因此總共搬了 $3 + 1 + 3 = 7$ 次，如下所示：

> 將三個圓環由 A 搬至 C
> $\to \begin{cases} \text{步驟 1. 將兩個圓環由 } A \text{ 搬至 } B \\ \text{步驟 2. 將一個圓環由 } A \text{ 搬至 } C \\ \text{步驟 3. 將兩個圓環由 } B \text{ 搬至 } C \end{cases}$

這樣的看法頗符合遞迴的概念，只要我們知道如何將兩個圓環由某根木樁搬到另一根木樁，就有辦法將三個圓環由某根木樁搬到另一根木樁，因此我們可以透過解決搬兩個圓環的問題來解決搬三個圓環的問題（雖然須解決搬兩個圓環的問題兩次）。

知道如何將三個圓環由某根木樁移到另一根木樁後，對解決 $n = 4$ 的問題有沒有幫助呢？答案是肯定的，因為我們同樣可以透過解決兩個搬三個圓環的問題來解決搬四個圓環的問題：

> 將四個圓環由 *A* 搬至 *C*
> → $\begin{cases} 步驟 1.將三個圓環由 A 搬至 B \\ 步驟 2.將一個圓環由 A 搬至 C \\ 步驟 3.將三個圓環由 B 搬至 C \end{cases}$

因此，即使 *n* 再大，我們還是有方法來完成這項工作，因為我們可以透過解決搬 *n* − 1 個圓環的問題來解決搬 *n* 個圓環的問題，而搬 *n* − 1 個圓環的問題又可以透過搬 *n* − 2 個圓環的問題來解決，而搬 *n* − 2 個圓環的問題又可以透過搬 *n* − 3 個圓環的問題來解決，……，原來的問題最後將被簡化成許許多多「搬一個圓環」的問題，而搬一個圓環的問題是我們根本不需要思考就知道怎麼解決的！

更具一般性地說，如果我們將三根木樁的名稱以 *x*、*y*、*z* 取代，上述作法是將搬 *n* 個圓環的問題分為以下三個步驟來解決（假設 *n* 為任意正整數）：

> 將 *n* 個圓環由 *x* 搬至 *z*
> → $\begin{cases} 步驟 1.將 n-1 個圓環由 x 搬至 y \\ 步驟 2.將一個圓環由 x 搬至 z \\ 步驟 3.將 n-1 個圓環由 y 搬至 z \end{cases}$

這樣的作法可以很簡潔地表達成以下的遞迴演算法：

> MOVE(*n*, *x*, *y*, *z*)
> 　if *n* > 0
> 　　　MOVE(*n* − 1, *x*, *z*, *y*)
> 　　　將一個圓環由 *x* 搬到 *z*
> 　　　MOVE(*n* − 1, *y*, *x*, *z*)

MOVE(*n*, *x*, *y*, *z*) 可用來將 *n* 個圓環由木樁 *x* 搬到木樁 *z*。觀察以上演算法，讀者不難發覺，即使撇開演算法與電腦的關係不談，

描述演算法的語法本身其實也是一種可用來描述一般做事方法的很好的表達工具。

　　如果我們追蹤一下 $MOVE(3, A, B, C)$ 的執行，所得即為前述將三個圓環由 A 搬到 C 的最佳搬動次序，如下所示：

$$MOVE(3, A, B, C) \begin{cases} MOVE(2, A, C, B) \begin{cases} MOVE(1, A, B, C) \longrightarrow \boxed{A \to C} \\ \boxed{A \to B} \\ MOVE(1, C, A, B) \longrightarrow \boxed{C \to B} \end{cases} \\ \boxed{A \to C} \\ MOVE(2, B, A, C) \begin{cases} MOVE(1, B, C, A) \longrightarrow \boxed{B \to A} \\ \boxed{B \to C} \\ MOVE(1, A, B, C) \longrightarrow \boxed{A \to C} \end{cases} \end{cases}$$

有更好的搬法嗎？

　　上述作法雖然是解決搬 n 個圓環的問題的一種方式，而且對 $n = 3$ 而言是最好的方式，不過到目前為止我們並不知道它是不是對任意正整數 n 而言都是最好的方式。由於步驟 1 與步驟 3 各須將 $n - 1$ 個圓環由某根木樁搬到另一根木樁，所以至少各須搬動圓環 a_{n-1} 次，而步驟 2 至少須搬動圓環一次，因此上述作法在最好的情形下是一個搬了 $a_{n-1} + 1 + a_{n-1} = 2a_{n-1} + 1$ 次的作法；既然 a_n 是搬動 n 個圓環所需最少的次數，以下關係是成立的：

$$a_n \leq 2a_{n-1} + 1$$

最好的方法所用的次數一定小於或等於我們的方法所用的次數。

　　另一方面，不管是用什麼樣的作法將這個問題解決，解決過程中最大的圓環至少都須被搬動一次；由於題目的限制，在搬動最大

的圓環之前，位於最大的圓環上方的其他圓環必須先全被移走，而且最大的圓環要去的木樁上不能有任何圓環，因此在搬動最大的圓環當時，所有其他比最大的圓環小的 $n-1$ 個圓環必定是按大小整齊地被擺放在另一根木樁上，所以不管是用什麼方法，在搬動最大的圓環之前至少已經搬動了 a_{n-1} 次，而在將最大的圓環搬到它的最終位置之後至少還須搬動 a_{n-1} 次。因此要解決搬 n 個圓環的問題，不管是用什麼方法，至少都需 $a_{n-1}+1+a_{n-1}=2a_{n-1}+1$ 次的搬動，即使最好的方法也不例外，因此以下關係是成立的：

$$a_n \geq 2a_{n-1} + 1$$

綜合以上兩個式子，a_n 既不能大於 $2a_{n-1}+1$ 又不能小於 $2a_{n-1}+1$，我們因此確定 a_n 其實就等於 $2a_{n-1}+1$，我們之前的作法其實就是最好的方法。配合已知的起始條件，我們有了數列完整的遞迴定義：

$$a_n = \begin{cases} 1, & n=1 \\ 2a_{n-1}+1, & n>1 \end{cases}$$

由此不難利用第 2 篇的方法推導出

$$a_n = 2^n - 1, \ \forall n \geq 1.$$

這就是我們希望求得的一般式。

附帶一提，當 $n=64$ 時，a_{64} 的值為

$$2^{64} - 1 = 18,446,744,073,709,551,615$$

這個數有多大呢？這麼說吧，即使印度老廟中的和尚不眠不休，一年 365 天，一天 24 小時不停地搬動，而且身手俐落，搬動一個圓環只需一秒鐘，要完成這項搬 64 個圓環的工作大概要 5.845×10^{11} 年，這個數字大約是我們目前所知宇宙的年齡（約 1.5×10^{10} 年）的 40 倍。

 有趣的模式

　　假設我們將 n 個圓環由小而大依序編號，由 1 編至 n。當 n = 3 時，至少須搬動七次，如果我們依搬動先後將圓環的編號列出，將得到 1213121 的順序；當 n = 4 時則是 121312141213121，這樣的數字模式我們平時如果稍加留意，其實在許多場合都看得到。

　　舉例來說，如果我們將所有小於 16 的正整數表示成二進位數並依序列出：

	4	3	2	1	
1	0	0	0	1	1
2	0	0	1	0	2
3	0	0	1	1	1
4	0	1	0	0	3
5	0	1	0	1	1
6	0	1	1	0	2
7	0	1	1	1	1
8	1	0	0	0	4
9	1	0	0	1	1
10	1	0	1	0	2
11	1	0	1	1	1
12	1	1	0	0	3
13	1	1	0	1	1
14	1	1	1	0	2
15	1	1	1	1	1

　　由上表很明顯可以看出，如果我們由 0001 至 1111 將每個數由最右

邊的位元往左看所看到的第一個 1 的位置記錄下來，結果將與上述河內塔問題在 $n=4$ 時的搬動次序相同。

　　上表中，如果只看陰影部分的輪廓，又很容易讓我們聯想到一般英制的直尺上標示刻度的方式。如果我們將刻度線由最短到最長依序編號，然後將尺上的刻度線的編號由左而右依序列出，相同的模式又出現了：

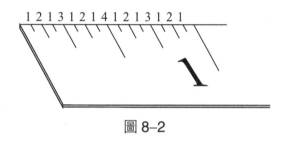

圖 8–2

 ## 河內塔問題的變形

　　一般化的河內塔問題可以衍生出許多有趣的變形，例如：

1. 原來的問題多加上一項限制：每個圓環的搬動不能是 $A \to C$ 或 $C \to A$，也就是說，搬動只能發生於 A 與 B 之間或是 B 與 C 之間。請問：最少須搬幾次才能將圓環全部由 A 搬到 C？

2. 原來的問題多加上一項限制：每個圓環的搬動必須是朝順時鐘方向搬，也就是說，每次搬動只能是 $A \to B$、$B \to C$、$C \to A$ 等三種情形之一：

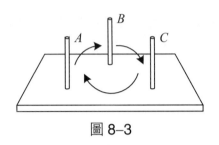

圖 8–3

(a)最少須搬幾次才能將圓環全部由 A 搬到 C?

(b)最少須搬幾次才能將圓環全部由 A 搬到 B?

3.圓環總共有 $2n$ 個（而不是只有 n 個），不過只有 n 種尺寸，每種尺寸的圓環各有兩個。

(a)假設每種尺寸的兩個圓環一模一樣，最少須搬幾次才能將它們全部由 A 搬到 C? 圖 8–4 為 $n = 3$ 開始的情形:

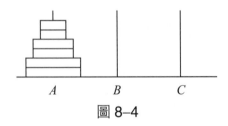

圖 8–4

(b)假設每種尺寸的兩個圓環分別具有黑和白兩個顏色，一開始時位於上方的圓環都是白色而下方的都是黑色，以 $n = 3$ 為例:

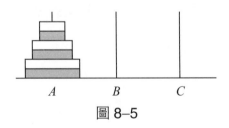

圖 8–5

如果我們除了要將它們全部由 A 搬到 C 之外，還希望最後的結果對各個尺寸的圓環而言都維持著原來上白下黑的關係，請問最少須搬幾次？

(c)假設每種尺寸的兩個圓環分別具有黑和白兩個顏色，而且一開始時木樁 A 及木樁 B 上分別擺放著 n 個黑白相間的圓環，木樁 A 及木樁 B 上最大的圓環分別為黑色及白色。以 $n = 4$ 為例：

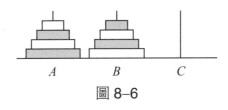

圖 8–6

請問：要將所有的黑環移到 B 且所有的白環移到 A，最少須搬幾次？

4.如果圓環有 n 個但是木樁有四根（或是更多根），最少須搬幾次？
當木樁有四根時，此問題通常稱為 Reve's puzzle。

以上這些變形問題的搬動過程也都可以利用遞迴的方式來思考。以第一種變形為例，由題目的限制可知最大的圓環至少須移動兩次；在最好的搬法中，最大的圓環正是被搬了兩次。假設 b_n 是在題目所述限制下將 n 個圓環由 A 搬到 C 所需的最少搬動次數，在最好的搬法中，最大的圓環先由 A 被搬到 B，再由 B 被搬到 C；在將它由 A 搬到 B 之前，所有較小的 $n-1$ 個圓環必須先由 A 被搬到 C（須 b_{n-1} 次搬動），接下來將最大的圓環由 B 搬到 C 之前，所有較小的 $n-1$ 個圓環必須由 C 被搬到 A（須另外 b_{n-1} 次搬動）；最大的圓環到達 C 後，所有較小的 $n-1$ 個圓環又必須由 A 被搬到 C（須

另外 b_{n-1} 次搬動），因此當 $n > 1$，以下遞迴關係成立：

$$b_n = b_{n-1} + 1 + b_{n-1} + 1 + b_{n-1} = 3b_{n-1} + 2$$

再配合 $n = 1$ 時的起始條件，我們有了完整的遞迴定義：

$$b_n = \begin{cases} 2, & n = 1 \\ 3b_{n-1} + 2, & n > 1 \end{cases}$$

由此很容易可以推導出

$$b_n = 3^n - 1, \forall n \geq 1.$$

讀者也許有興趣驗證一下用這個搬法搬完 $(3^n - 1)/2$ 次時，所有的 n 個圓環其實正好由木樁 A 被移到了木樁 B 上，正好是這些圓環往目的地旅途的「中點」。

上述各種變形問題中以木樁數大於三的問題最為困難。

結語

河內塔問題幾乎出現於所有與離散數學、資料結構、演算法有關的書籍中，可以用來練習數學歸納法的證明、遞迴程式的撰寫、遞迴關係的求解等，對學習電腦理論的人來說是必然會接觸到的問題。

除了直尺上的刻度及二進位數中 1 的位置之外，相當有趣的是，河內塔問題搬動圓環的最佳次序還和某些圖形（graph）中由任意一個頂點開始以一筆劃循著圖中的線條經過每個頂點一次並回到起點的走法有著密切的關係，也就是可以對應到這些圖形在術語上所謂的 Hamiltonian cycle。以 $n = 3$ 為例，如果將一個正立方體的十二個邊依不同的方向分為三群，將與 x 軸、y 軸、z 軸平行的邊（各有四

條）分別命名為1、2、3，如圖8-7所示：

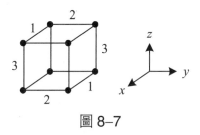

圖 8-7

那麼以正立方體的任意一個頂點為起點，循著 1213121 的次序走完七個邊後再連回起點所得的路徑將會是正立方體的邊所形成的圖形的一條 Hamiltonian cycle，如圖 8-8 所示：

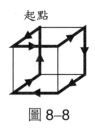

起點

圖 8-8

不只 $n = 3$ 如此，只要 n 是一個正整數，河內塔問題搬動圓環的最佳次序都正好對應到某類圖形的 Hamiltonian cycle。

表面上看起來不相干的兩個東西背後竟然隱藏著密切的關連，這樣的發現常能為科學家帶來莫大的樂趣。

 練習題

1. 假設我們將河內塔問題中的 n 個圓環由大而小依序編號由 0 至

$n-1$，試證：在最好的搬法中，編號為 i 的圓環總共被搬了 2^i 次。

2.如果河內塔問題一開始的 n 個圓環是任意散布在三根木樁上（但沒有大環疊在小環上的情形），而且各種可能的分布情形發生的機率都一樣，那麼平均而言需搬幾次才能將圓環全都搬到木樁 C 上？

3.河內塔問題在四根木樁及六個圓環時僅需搬動 17 次,而在五根木樁及 10 個圓環時最少須搬動 31 次；請分別找出這兩種搬法。

（本文原刊載於《科學教育月刊》第 248 期，原文已作部分修改）

生成函數

生成函數是離散數學中較不那麼「離散」的一個部分，卻是相當重要的一個主題。本文將介紹如何利用生成函數來求得遞迴關係的解；這只是生成函數的用途之一。

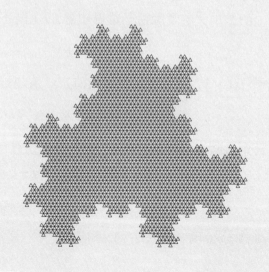

一般化的二項式定理 ....

數學上通常將 $(x+y)^n$ 的展開式稱為「二項式定理」(binomial theorem)：

$$(x+y)^n = \binom{n}{0}x^n + \binom{n}{1}x^{n-1}y + \cdots + \binom{n}{n}y^n$$

其中的 x 與 y 為任意實數，n 為正整數，而當 $0 \le r \le n$，

$$\binom{n}{r} = \frac{n!}{r!(n-r)!}$$

$$= \begin{cases} \dfrac{n(n-1)(n-2)\cdots(n-r+1)}{r!}, & r > 0 \\ 1, & r = 0 \end{cases}$$

稱為「二項式係數」(binomial coefficients)。

由多項式的長除法不難得知當 $x \ne 1$ 時下式成立：

$$\frac{1-x^n}{1-x} = 1 + x + x^2 + \cdots + x^{n-1}$$

如果 $|x| < 1$，當 n 趨於無窮大時，x^n 將趨近於 0，上式將變成

$$\frac{1}{1-x} = 1 + x + x^2 + \cdots \qquad\qquad (*)$$

對任意實數 q 及非負整數 r，如果我們定義

$$\binom{q}{r} = \begin{cases} \dfrac{q(q-1)(q-2)\cdots(q-r+1)}{r!}, & r > 0 \\ 1, & r = 0 \end{cases}$$

那麼當 $r > 0$ 時，由於

$$\binom{-1}{r}(-x)^r = \frac{(-1)(-2)\cdots(-r)}{r!}(-x)^r = \frac{(-1)^r r!}{r!}(-1)^r x^r = x^r$$

因此 (*) 式也可寫為

$$\frac{1}{1-x} = \binom{-1}{0} + \binom{-1}{1}(-x) + \binom{-1}{2}(-x)^2 + \cdots$$

也就是說，當二項式係數有了新的定義之後，二項式定理在 $n = -1$ 時依然成立。

事實上，二項式定理的適用範圍相當廣泛，只要 q 是實數且 $|x| < 1$，下式都成立：

$$(1+x)^q = \binom{q}{0} + \binom{q}{1}x + \binom{q}{2}x^2 + \cdots$$

此時的二項式定理稱為「一般化的二項式定理」(generalized binomial theorem)。

舉例來說，雖然 $C(-1/2, 3)$ 已不能解釋成從 $-1/2$ 個東西中取出 3 個的方法數，不過根據我們的定義，$C(-1/2, 3)$ 的值是可求的：

$$\binom{-1/2}{3} = \frac{\left(\frac{-1}{2}\right)\left(\frac{-3}{2}\right)\left(\frac{-5}{2}\right)}{3 \cdot 2 \cdot 1} = \frac{-5}{16}$$

而只要 x 能使得下面的級數收斂，下式就成立：

$$\frac{1}{\sqrt{1-3x}} = (1-3x)^{-1/2} = \sum_{n=0}^{\infty} \binom{-1/2}{n}(-3x)^n$$

本篇接下來的討論中假設所涉及的級數中的 x 都能使級數收斂，因此在應用一般化的二項式定理時不再需要擔心級數的收斂性。

讀者如果熟悉泰勒展開式 (Taylor expansion)，一般化的二項式

定理其實很容易可以由泰勒級數導出。

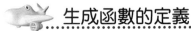

生成函數的定義

假設 $a_0, a_1, a_2, \cdots$ 為任意一個數列（項數可為有限或無限），我們定義函數

$$G(x) = a_0 + a_1 x + a_2 x^2 + \cdots$$

為此數列的「生成函數」(generating function)。

舉例來說，數列 1, 1, 1, 1, 1 的生成函數為

$$G(x) = 1 + x + x^2 + x^3 + x^4 = \frac{1 - x^5}{1 - x}$$

等比數列 1, 2, 4, 8, ⋯ 的生成函數為

$$G(x) = 1 + 2x + 4x^2 + 8x^3 + \cdots = \sum_{n=0}^{\infty} 2^n x^n$$

等差數列 5, 7, 9, 11, ⋯ 的生成函數則是

$$G(x) = 5 + 7x + 9x^2 + 11x^3 + \cdots = \sum_{n=0}^{\infty} (5 + 2n)x^n$$

由於

$$(1 + x)^n = \binom{n}{0} + \binom{n}{1}x + \binom{n}{2}x^2 + \cdots + \binom{n}{n}x^n$$

因此數列 $C(n, 0), C(n, 1), C(n, 2), \cdots, C(n, n)$ 的生成函數為 $(1 + x)^n$。

一個有名的數列

考慮以下問題：某人想用大小為 1×2 的瓷磚鋪滿一塊大小為 $2 \times n$ 的地板，請問他總共有多少種鋪法？圖 9–1 顯示了 n 的值分別為 1, 2, 3 時所有可能的鋪法：

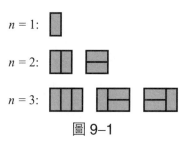

圖 9–1

假設 a_n 代表用 1×2 的瓷磚鋪滿 $2 \times n$ 的地板的鋪法數；我們已知 $a_1 = 1, a_2 = 2, a_3 = 3$，以下我們希望能求出 a_n 的一般式。

先以遞迴的方式來思考。當 $n > 2$，所有鋪法可依最左邊的瓷磚是橫擺或是直擺而分為兩類：

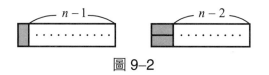

圖 9–2

如果我們能夠知道這兩類各有多少種鋪法，a_n 應該就是這兩數的和。

由圖 9–2 不難看出，最左邊的瓷磚是直擺的鋪法數應該就等於

以 1×2 的瓷磚鋪滿大小為 $2 \times (n-1)$ 的地板的鋪法數，也就是 a_{n-1}；而最左邊的瓷磚是橫擺的鋪法數就等於以 1×2 的瓷磚鋪滿大小為 $2 \times (n-2)$ 的地板的鋪法數，也就是 a_{n-2}，因此以下遞迴關係成立：$a_n = a_{n-1} + a_{n-2}$；再配合初始條件，我們有了數列完整的遞迴定義：

$$a_n = \begin{cases} 1, & n = 1 \\ 2, & n = 2 \\ a_{n-1} + a_{n-2}, & n > 2 \end{cases}$$

這個數列是我們在第 3 篇曾經看過的「費氏數列」，其最前面幾項依序為 $1, 2, 3, 5, 8, 13, 21, 34, 55, 89, \cdots$ 等；讀者不難看出如果我們讓遞迴關係 $a_n = a_{n-1} + a_{n-2}$ 維持不變，但是將此數列的最前面兩項改為 1 與 1 或是 0 與 1（而非 1 與 2），所得的數列與原來的數列比起來只是「起點」不同而已，數列基本上可說是同一個，因此費氏數列的遞迴定義依場合而可能有不同的初始條件。

以下我們將利用生成函數求出 a_n 的一般式。為了方便，我們將費氏數列的遞迴定義改為

$$F_n = \begin{cases} 0, & n = 0 \\ 1, & n = 1 \\ F_{n-1} + F_{n-2}, & n > 1 \end{cases}$$

很明顯，當 $n \geq 1$，$a_n = F_{n+1}$。

 ## 費氏數列的一般式

假設 $G(x)$ 為數列 $F_0, F_1, F_2, \cdots$ 的生成函數，則

$$G(x) = F_0 + F_1 x + F_2 x^2 + F_3 x^3 + \cdots$$

$$xG(x) = \qquad F_0 x + F_1 x^2 + F_2 x^3 + \cdots$$

$$x^2 G(x) = \qquad\qquad F_0 x^2 + F_1 x^3 + \cdots$$

第一式減去後兩式，得

$$G(x) - xG(x) - x^2 G(x)$$

$$= F_0 + (F_1 - F_0)x + (F_2 - F_1 - F_0)x^2 + (F_3 - F_2 - F_1)x^3 + \cdots$$

$$= 0 + 1x + 0x^2 + 0x^3 + \cdots = x$$

也就是說，

$$(1 - x - x^2)G(x) = x, \quad 即\ G(x) = \frac{x}{1 - x - x^2}$$

利用部分分式 (partial fractions) 我們可將 $G(x)$ 寫為

$$G(x) = \frac{1}{\sqrt{5}} \left[\frac{1}{1 - \left(\dfrac{1 + \sqrt{5}}{2} \right)x} - \frac{1}{1 - \left(\dfrac{1 - \sqrt{5}}{2} \right)x} \right]$$

如果令 $a = (1 + \sqrt{5})/2, b = (1 - \sqrt{5})/2$，上式變成

$$G(x) = \frac{1}{\sqrt{5}} \left(\frac{1}{1 - ax} - \frac{1}{1 - bx} \right)$$

由於

$$\frac{1}{1 - ax} = 1 + ax + a^2 x^2 + a^3 x^3 + \cdots$$

$$\frac{1}{1 - bx} = 1 + bx + b^2 x^2 + b^3 x^3 + \cdots$$

所以

$$G(x) = \frac{1}{\sqrt{5}}\left[\left(1 + ax + a^2x^2 + \cdots\right) - \left(1 + bx + b^2x^2 + \cdots\right)\right]$$

$$= \frac{a-b}{\sqrt{5}}x + \frac{a^2-b^2}{\sqrt{5}}x^2 + \frac{a^3-b^3}{\sqrt{5}}x^3 + \cdots$$

根據 $G(x)$ 的定義，F_n 就是上式中 x^n 的係數，因此

$$F_n = \frac{a^n - b^n}{\sqrt{5}} = \frac{1}{\sqrt{5}}\left[\left(\frac{1+\sqrt{5}}{2}\right)^n - \left(\frac{1-\sqrt{5}}{2}\right)^n\right]$$

這就是我們想求得的 F_n 的一般式。上式通常稱為 Binet's formula，因法國數學家 Jacques Philippe Marie Binet (1786–1856) 而得名。

 ## 三個直接的例子

以下我們再看另外三個利用生成函數求出數列的一般式的例子。

 ### 例題一

數列 $a_0, a_1, a_2, \cdots$ 的遞迴定義如下：

$$a_n = \begin{cases} 2, & n = 0 \\ 3a_{n-1}, & n > 0 \end{cases}$$

我們想求出 a_n 的一般式。

解：

假設 $G(x)$ 為數列 $a_0, a_1, a_2, \cdots$ 的生成函數，則

$$G(x) = a_0 + a_1 x + a_2 x^2 + \cdots$$

$$xG(x) = \qquad a_0 x + a_1 x^2 + \cdots$$

因此

$$G(x) - 3xG(x) = a_0 + \sum_{n=1}^{\infty}(a_n - 3a_{n-1})x^n = 2$$

也就是說，

$$(1-3x)G(x) = 2, \quad \text{即 } G(x) = \frac{2}{1-3x}$$

由於

$$\frac{1}{1-3x} = 1 + 3x + 3^2 x^2 + 3^3 x^3 + \cdots$$

因此

$$G(x) = 2\sum_{n=0}^{\infty} 3^n x^n = \sum_{n=0}^{\infty} 2 \cdot 3^n x^n$$

其中的 x^n 的係數就是 a_n，因此所求的一般式為

$$a_n = 2 \cdot 3^n, \forall n \geq 0.$$

 例題二

數列 $a_0, a_1, a_2, \cdots$ 的遞迴定義如下：

$$a_n = \begin{cases} 1, & n = 0 \\ 8a_{n-1} + 10^{n-1}, & n > 0 \end{cases}$$

我們想求出 a_n 的一般式。

解:

假設 $G(x)$ 為數列 $a_0, a_1, a_2, \cdots$ 的生成函數，仿例題一的作法可得

$$G(x) - 8xG(x) = a_0 + \sum_{n=1}^{\infty}(a_n - 8a_{n-1})x^n$$

$$= 1 + x + 10x^2 + 10^2x^3 + \cdots$$

$$= 1 + \frac{1}{10}(10x + 10^2x^2 + 10^3x^3 + \cdots)$$

$$= 1 + \frac{1}{10}\left(\frac{1}{1-10x} - 1\right)$$

$$= 1 + \frac{x}{1-10x} = \frac{1-9x}{1-10x}$$

也就是說，

$$(1 - 8x)G(x) = \frac{1-9x}{1-10x}, \quad \text{即 } G(x) = \frac{1-9x}{(1-8x)(1-10x)}$$

利用部分分式可將 $G(x)$ 寫為

$$G(x) = \frac{1}{2}\left(\frac{1}{1-8x} + \frac{1}{1-10x}\right)$$

因此

$$G(x) = \frac{1}{2}(\sum_{n=0}^{\infty} 8^nx^n + \sum_{n=0}^{\infty} 10^nx^n) = \sum_{n=0}^{\infty}\left(\frac{8^n + 10^n}{2}\right)x^n$$

其中的 x^n 的係數就是 a_n，因此所求的一般式為

$$a_n = \frac{1}{2}(8^n + 10^n), \forall n \geq 0.$$

例題三

數列 $a_0, a_1, a_2, \cdots$ 的遞迴定義如下：

$$a_n = \begin{cases} 1, & n = 0 \\ 3, & n = 1 \\ 4a_{n-1} - 4a_{n-2}, & n > 1 \end{cases}$$

我們想求出 a_n 的一般式。

解：

假設 $G(x)$ 為數列 $a_0, a_1, a_2, \cdots$ 的生成函數，則

$$G(x) - 4xG(x) + 4x^2G(x) = a_0 + (a_1 - 4a_0)x$$

$$(1 - 4x + 4x^2)G(x) = 1 - x$$

$$G(x) = \frac{1-x}{(1-2x)^2} = \frac{1}{2}\left(\frac{1}{1-2x} + \frac{1}{(1-2x)^2}\right)$$

$$= \frac{1}{2}\left(\sum_{n=0}^{\infty} 2^n x^n + \sum_{n=0}^{\infty} \binom{-2}{n}(-2)^n x^n\right)$$

由於

$$\binom{-2}{n}(-2)^n = \frac{(-2)(-3)\cdots(-(n+1))}{n!}(-2)^n = (n+1)2^n$$

因此

$$G(x) = \frac{1}{2}\sum_{n=0}^{\infty}\left[2^n + (n+1)2^n\right]x^n$$

其中的 x^n 的係數就是 a_n，因此所求的一般式為

$$a_n = \frac{1}{2}\left[2^n + (n+1)2^n\right] = 2^{n-1}(n+2), \forall n \geq 0.$$

另一個有名的數列

Catalan numbers（見第 7 篇）可以用如下的方式定義：

$$C_n = \begin{cases} 0, & n = 0 \\ 1, & n = 1 \\ C_1 C_{n-1} + C_2 C_{n-2} + \cdots + C_{n-1} C_1, & n > 1 \end{cases}$$

以下我們將利用生成函數求出 C_n 的一般式。

首先，假設數列 $C_0, C_1, C_2, \cdots$ 的生成函數為

$$G(x) = C_0 + C_1 x + C_2 x^2 + \cdots$$

由於 $C_0 = 0$，因此

$$G(x) = C_1 x + C_2 x^2 + \cdots$$

等號兩邊分別平方，得

$$\begin{aligned} (G(x))^2 &= (C_1 x + C_2 x^2 + \cdots)^2 \\ &= C_1 C_1 x^2 + (C_1 C_2 + C_2 C_1) x^3 + \cdots \\ &\quad + (C_1 C_{n-1} + C_2 C_{n-2} + \cdots + C_{n-1} C_1) x^n + \cdots \\ &= \sum_{n=2}^{\infty} C_n x^n = G(x) - 1 \cdot x \end{aligned}$$

也就是說，

$$(G(x))^2 = G(x) - x$$

將 $G(x)$ 當作未知數可解得

$$G(x) = \frac{1 - \sqrt{1 - 4x}}{2} = \frac{1}{2} - \frac{1}{2}\sqrt{1 - 4x}$$

（捨正號而取負號是因為 $G(0) = C_0 = 0$）因此當 $n \geq 1$，C_n 的值為 $(-1/2)\sqrt{1 - 4x}$ 中 x^n 的係數。

利用一般化的二項式定理可將 $\sqrt{1-4x}$ 展開：

$$(1-4x)^{1/2} = \sum_{n=0}^{\infty} \binom{1/2}{n}(-4x)^n$$

其中 x^n 的係數為

$$\binom{1/2}{n}(-4)^n = \frac{\left(\frac{1}{2}\right)\left(\frac{-1}{2}\right)\left(\frac{-3}{2}\right)\cdots\left(\frac{-(2n-3)}{2}\right)}{n!}(-4)^n$$

$$= \frac{-1\times 1\times 3\times 5\times\cdots\times(2n-3)}{n!}2^n$$

$$= \frac{-1\times 1\times 2\times 3\times 4\times\cdots\times(2n-2)}{n!\times 2\times 4\times 6\times\cdots\times(2n-2)}2^n$$

$$= \frac{-1\times(2n-2)!}{n!\times 2^{n-1}(n-1)!}2^n = \frac{-2}{n}\times\frac{(2n-2)!}{(n-1)!(n-1)!}$$

$$= \frac{-2}{n}\binom{2n-2}{n-1}$$

因此 $G(x)$ 中 x^n 的係數（也就是 C_n）為

$$C_n = \frac{-1}{2}\times\frac{-2}{n}\binom{2n-2}{n-1} = \frac{1}{n}\binom{2n-2}{n-1}, \forall n\ge 1$$

這與我們在第 7 篇由路徑個數的觀點所求得的結果相同。

 變形的河內塔問題

　　河內塔問題中，有 A、B、C 三根木樁矗立於平面上，其中的木樁 A 由上而下套著由小而大 n 個大小相異的圓環（n 為任意正整數）；我們想要將這 n 個圓環由 A 搬到 C，不過一次只能搬一個圓

環，而且任何時刻任何一根木樁上的圓環都不能有大環疊在小環上的情形；河內塔問題是希望找出最好的搬法及所需的搬動次數（越少越好）。有關此問題的介紹請參考第 8 篇。

考慮以下河內塔問題的一個變形：原來的問題多加上一項限制，每個圓環的搬動必須是朝順時鐘方向搬，也就是圖 9–3 中每次搬動只能是 $A \to B$、$B \to C$、$C \to A$ 等三種情形之一：

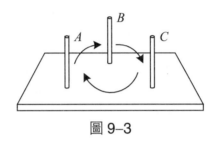

圖 9–3

請問：最少須搬幾次才能將 n 個圓環全部由 A 搬到 B？

這個問題可以用遞迴的方式來思考。假設 a_n 是將 n 個圓環由 A 搬到 B 所需的最少搬動次數，b_n 是將 n 個圓環由 A 搬到 C 所需的最少搬動次數。要將 n 個圓環由 A 搬到 B，最大的圓環顯然至少須被搬動一次；以下是最大的圓環只須被搬一次的搬法：

　　1. 將 $n-1$ 個圓環由 A 搬至 C（須搬 b_{n-1} 次）。

　　2. 將最大的圓環由 A 搬至 B。

　　3. 將 $n-1$ 個圓環由 C 搬至 B（須搬 b_{n-1} 次）。

因此當 $n > 0$ 時，$a_n = 2b_{n-1} + 1$。

另一方面，如果要將 n 個圓環由 A 搬到 C，最大的圓環顯然至少須被搬動兩次；以下是最大的圓環只須被搬兩次的搬法：

　　1. 將 $n-1$ 個圓環由 A 搬至 C（須搬 b_{n-1} 次）。

2.將最大的圓環由 A 搬至 B。

3.將 $n-1$ 個圓環由 C 搬至 A（須搬 a_{n-1} 次）。

4.將最大的圓環由 B 搬至 C。

5.將 $n-1$ 個圓環由 A 搬至 C（須搬 b_{n-1} 次）。

因此當 $n>0$ 時，$b_n = 2b_{n-1} + a_{n-1} + 2$；由於已知 $a_n = 2b_{n-1} + 1$，因此 b_n 又等於 $a_n + a_{n-1} + 1$。

將遞迴關係附上適當的初始條件整理如下：

$$a_n = \begin{cases} 0, & n = 0 \\ 2b_{n-1} + 1, & n > 0 \end{cases} \qquad b_n = \begin{cases} 0, & n = 0 \\ a_n + a_{n-1} + 1, & n > 0 \end{cases}$$

與我們前面看過的遞迴關係不同，這是兩個互相定義的數列，雖然較複雜，a_n 及 b_n 的值還是可以由初始條件往後逐項求出：

n	0	1	2	3	$\cdots$
a_n	0	1	5	15	$\cdots$
b_n	0	2	7	21	$\cdots$

讓我們嘗試用本篇的生成函數來求出 a_n 的一般式。假設 $G(x)$ 與 $H(x)$ 分別是數列 $a_0, a_1, a_2, \cdots$ 與數列 $b_0, b_1, b_2, \cdots$ 的生成函數，則

$$G(x) = a_0 + a_1 x + a_2 x^2 + \cdots$$

$$H(x) = b_0 + b_1 x + b_2 x^2 + \cdots$$

$$xG(x) = \quad a_0 x + a_1 x^2 + \cdots$$

$$xH(x) = \quad b_0 x + b_1 x^2 + \cdots$$

因此

$$G(x) - 2xH(x) = a_0 + (a_1 - 2b_0)x + (a_2 - 2b_1)x^2 + \cdots$$

$$= 0 + x + x^2 + \cdots = \frac{1}{1-x} - 1 = \frac{x}{1-x}$$

$$H(x) - G(x) - xG(x) = (b_0 - a_0) + (b_1 - a_1 - a_0)x + (b_2 - a_2 - a_1)x^2 + \cdots$$
$$= 0 + x + x^2 + \cdots = \frac{1}{1-x} - 1 = \frac{x}{1-x}$$

所以

$$G(x) - 2xH(x) = H(x) - G(x) - xG(x)$$

$$H(x) = \frac{x+2}{2x+1}G(x)$$

$$G(x) - 2x\frac{x+2}{2x+1}G(x) = \frac{x}{1-x}$$

將 $G(x)$ 當作未知數可解得

$$G(x) = \frac{x(2x+1)}{(x-1)(2x^2+2x-1)}$$

利用部分分式可將 $G(x)$ 寫為

$$G(x) = \frac{1}{x-1} - \frac{1}{2x^2+2x-1}$$

$$= \frac{1}{x-1} + \frac{1}{2\sqrt{3}}\left(\frac{1}{\frac{\sqrt{3}-1}{2} - x} - \frac{1}{\frac{-(\sqrt{3}+1)}{2} - x} \right)$$

$$= \frac{-1}{1-x} + \frac{1}{2\sqrt{3}}\left(\frac{1+\sqrt{3}}{1-(1+\sqrt{3})x} - \frac{1-\sqrt{3}}{1-(1-\sqrt{3})x} \right)$$

$$= -\sum_{n=0}^{\infty} x^n + \frac{1}{2\sqrt{3}}\sum_{n=0}^{\infty} \left[(1+\sqrt{3})^{n+1} - (1-\sqrt{3})^{n+1} \right]x^n$$

其中的 x^n 的係數就是 a_n，因此

$$a_n = -1 + \frac{(1+\sqrt{3})^{n+1} - (1-\sqrt{3})^{n+1}}{2\sqrt{3}}, \ \forall n \geq 0.$$

字串問題

考慮以下問題：所有可由 0、1、2 組成的長度為 n 的字串中，0 的個數與 1 的個數皆為偶數的字串有幾個？

舉例來說，由 0、1、2 組成的長度為 3 的字串總共有 $3^3 = 27$ 個，其中 0 與 1 的個數皆為偶數的字串有 002, 020, 112, 121, 200, 211, 222 等七個。

假設 a_n 是長度為 n 的字串中 0 與 1 的個數皆為偶數的字串個數，b_n 是長度為 n 的字串中 0 的個數為偶數而 1 的個數為奇數的字串個數，c_n 是長度為 n 的字串中 0 的個數為奇數而 1 的個數為偶數的字串個數；長度為 n 的字串中 0 的個數與 1 的個數皆為奇數的字串因此有 $3^n - a_n - b_n - c_n$ 個。

一個長度為 n 且所含的 0 與 1 的個數皆為偶數的字串最左邊的數字可能是 0、1、2 三者之一；如果最左邊的數字是 0，其後一定接著一個長度為 $n-1$ 且含有奇數個 0 與偶數個 1 的字串（這樣的字串有 c_{n-1} 個）；如果最左邊的數字是 1，其後一定接著一個長度為 $n-1$ 且含有偶數個 0 與奇數個 1 的字串（這樣的字串有 b_{n-1} 個）；如果最左邊的數字是 2，其後一定接著一個長度為 $n-1$ 且含有偶數個 0 與偶數個 1 的字串（這樣的字串有 a_{n-1} 個）；因此下式成立：

$$a_n = b_{n-1} + c_{n-1} + a_{n-1}$$

由類似的推論可得

$$b_n = (3^{n-1} - a_{n-1} - b_{n-1} - c_{n-1}) + a_{n-1} + b_{n-1} = 3^{n-1} - c_{n-1}$$

$$c_n = a_{n-1} + (3^{n-1} - a_{n-1} - b_{n-1} - c_{n-1}) + c_{n-1} = 3^{n-1} - b_{n-1}$$

當 $n = 0$ 時，b_0 與 c_0 的值顯然都是 0，而由

$$a_1 = 1 = b_0 + c_0 + a_0$$

可得 $a_0 = 1$。將已知的遞迴關係及初始條件整理如下：

$$a_n = \begin{cases} 1, & n = 0 \\ a_{n-1} + b_{n-1} + c_{n-1}, & n > 0 \end{cases}$$

$$b_n = \begin{cases} 0, & n = 0 \\ 3^{n-1} - c_{n-1}, & n > 0 \end{cases}$$

$$c_n = \begin{cases} 0, & n = 0 \\ 3^{n-1} - b_{n-1}, & n > 0 \end{cases}$$

接下來我們將利用生成函數求出 a_n 的一般式。假設 $A(x), B(x),$ $C(x)$ 分別是數列 $\{a_n\}, \{b_n\}, \{c_n\}$ 的生成函數，仿照前面的作法可得

$$A(x) - xA(x) - xB(x) - xC(x) = a_0 + \sum_{n=1}^{\infty} (a_n - a_{n-1} - b_{n-1} - c_{n-1})x^n = 1$$

因此

$$A(x) = \frac{xB(x) + xC(x) + 1}{1 - x}$$

同理，

$$B(x) + xC(x) = b_0 + \sum_{n=1}^{\infty} (b_n + c_{n-1})x^n$$

$$= \frac{1}{3} \sum_{n=1}^{\infty} 3^n x^n = \frac{1}{3} \left(\frac{1}{1 - 3x} - 1 \right) = \frac{x}{1 - 3x}$$

$$C(x) + xB(x) = c_0 + \sum_{n=1}^{\infty} (c_n + b_{n-1})x^n$$

$$= \frac{1}{3} \sum_{n=1}^{\infty} 3^n x^n = \frac{1}{3} \left(\frac{1}{1 - 3x} - 1 \right) = \frac{x}{1 - 3x}$$

最後這兩個式子只涉及 $B(x)$ 與 $C(x)$，我們將 $B(x)$ 與 $C(x)$ 當作未知

數可解得

$$B(x) = C(x) = \frac{x}{(1-3x)(1+x)}$$

因此

$$A(x) = \frac{2x}{1-x}\left(\frac{x}{(1-3x)(1+x)}\right) + \frac{1}{1-x}$$

利用部分分式可將 $A(x)$ 寫為

$$A(x) = \frac{1/4}{1-3x} + \frac{1/2}{1-x} + \frac{1/4}{1+x} = \sum_{n=0}^{\infty}\left(\frac{1}{4}\cdot 3^n + \frac{1}{2} + \frac{1}{4}(-1)^n\right)x^n$$

其中的 x^n 的係數就是 a_n，因此

$$a_n = \frac{1}{4}(3^n + 2 + (-1)^n), \ \forall n \geq 0.$$

 結語

　　本篇所介紹的生成函數在數學上又稱為「普通生成函數」(ordi-nary generating function)，以有別於其他類型的生成函數（如 exponential generating function）。

　　生成函數是組合數學 (Combinatorics) 中非常重要的一項工具，對解決許多計數方面的難題及遞迴關係的求解而言相當有用（本篇只介紹了它在遞迴關係求解方面的應用）。儘管威力強大，由於使用上較複雜，因此當我們面對遞迴關係的求解問題時可先考慮是否有利用其他較簡單的方法解決的可能（例如第 2 篇及第 11 篇所介紹的方法），不行的話再考慮使用生成函數，畢竟「殺雞焉用牛刀」，寶劍不須輕易出鞘。

　　生成函數的概念對初學者而言也許相當怪異，不過一旦與它相

處久了，您將不得不承認它雖然怪，卻怪得漂亮，怪得令人心服。

練習題

1. 利用生成函數求出下面的數列的一般式。

(a) $a_n = \begin{cases} 1, & n = 0 \\ 3a_{n-1} + 2, & n > 0 \end{cases}$　(b) $a_n = \begin{cases} 1, & n = 0 \\ 4, & n = 1 \\ a_{n-1} + 6a_{n-2}, & n > 1 \end{cases}$

2. 每個正整數都可以寫成一些正奇數的和，例如 4 有三種寫法：$1 + 3$, $3 + 1$, $1 + 1 + 1 + 1$ 等，而 5 則有五種寫法：5, $1 + 1 + 3$, $1 + 3 + 1$, $3 + 1 + 1$, $1 + 1 + 1 + 1 + 1$（數字順序亦列入考慮）。假設 a_n 代表將正整數 n 寫成正奇數的和有多少種寫法；我們已知 $a_4 = 3$ 且 $a_5 = 5$。試以遞迴的方式定義數列 $a_1, a_2, a_3, \cdots$。

3. 由 0 與 1 組成的長度為 4 的字串總共有 $2^4 = 16$ 個，在字串中有且僅有一個地方有兩個 0 相鄰的有 0010, 0011, 0100, 1100, 1001 等五個。請問：對任意正整數 n，由 0 與 1 組成的長度為 n 的字串中有且僅有一個地方有兩個 0 相鄰的字串有幾個？

假設 a_n 為所求，我們已知 $a_4 = 5$。請先以遞迴的方式定義數列 $a_0, a_1, a_2, \cdots$（可與其他數列互相定義），然後利用生成函數求出 a_n 的一般式。

10

條條大路通羅馬

本篇透過計算路徑個數的問題介紹一些恆等式的組合證明。讀完本篇後，您將不難自己「發明」一些看似複雜的恆等式。

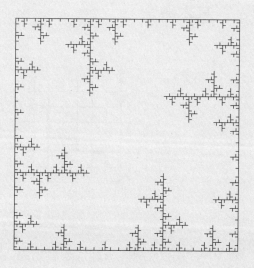

在第 7 篇中我們曾經看過如何由一個求解路徑個數的問題來導出 Catalan numbers；本篇中，我們將利用類似的概念來證明許多與二項式係數有關的恆等式。

所謂「二項式係數」(binomial coefficients) 指的是可表為

$$C(n, r) = \frac{n!}{r!(n-r)!}$$

的數，這些數因出現於二項式定理 (binomial theorem) 而得名；當然，這些數也就是讀者熟悉的<u>巴斯卡</u>三角形 (Pascal's triangle) 所含的數。$C(n, r)$ 在數學上又常記作

$$C_r^n \text{ 或 } \binom{n}{r}$$

本文假設其中的 n 與 r 皆為非負整數。

 **基本概念**

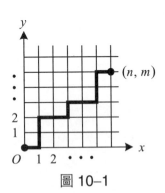

圖 10–1

圖 10–1 中的直線與橫線代表著道路。某人想由原點出發，循最短的路徑到達 (n, m)，也就是說，他隨時不是朝東（正 x 軸方向）就

是朝北（正 y 軸方向）；請問他總共有幾種走法？圖 10–1 中的粗線顯示了一種可能的走法。

很明顯，不管此人怎麼走，他都須向東及向北分別走 n 格及 m 格（總共須走 $n+m$ 格）；如果我們將向東一格及向北一格分別用一個 E 及一個 N 來表示，那麼此人的任何一種走法都可以用一個包含了 n 個 E 及 m 個 N 的字串來描述。舉例來說，圖 10–1 中的路徑對應到以下字串：

ENNEENEENNE

另一方面，任何一個由 n 個 E 及 m 個 N 組成的字串其實都對應到一種可能的走法；因此，由 n 個 E 及 m 個 N 可組成多少個字串就對應到此人有多少種走法，其值顯然是由 $n+m$ 個位置中選出 n 個來作為 E 的位置的方法數，也就是 $C(n+m, n)$；一旦選定了 E 的位置，剩下的位置就是 N 的位置。

$C(n+m, n)$ 除了是由 $(0, 0)$ 至 (n, m) 的最短路徑個數外，它同時也是由 $(1, 1)$ 至 $(n+1, m+1)$ 的最短路徑個數，也是由 $(2, 5)$ 至 $(n+2, m+5)$ 的最短路徑個數。一般而言，由 (a, b) 至 (c, d) 的最短路徑個數為 $C(|c-a|+|d-b|, |c-a|)$。

將每個二項式係數看成是平面上某兩個點之間的最短路徑個數的觀念可以讓我們用「幾何」的方式證明許多與二項式係數有關的恆等式；以下我們將介紹幾個例子，其中所提到的「路徑」都是指最短路徑而言。

幾個恆等式的證明 ....

恆等式一：

$$\binom{n}{r} = \binom{n}{n-r}$$

要證明此恆等式成立，我們考慮任意一條由 $(0, 0)$ 至 (a, b) 的路徑；此路徑可以用一個含有 a 個 E 及 b 個 N 的字串來描述，如果我們將此字串中所有的 E 以 N 取代，所有的 N 以 E 取代，所得的新路徑將是一條由 $(0, 0)$ 至 (b, a) 的路徑，新舊兩條路徑對稱於直線 $x = y$：

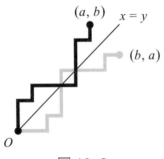

圖 10–2

讀者不難看出，任意兩條從 $(0, 0)$ 至 (a, b) 的相異路徑所對應的兩條從 $(0, 0)$ 至 (b, a) 的路徑一定不同，而每一條從 $(0, 0)$ 至 (b, a) 的路徑也總有一條從 $(0, 0)$ 至 (a, b) 的路徑與之對應；換句話說，新舊路徑之間的對應關係是一對一 (one-to-one) 且映成 (onto) 的，因此由 $(0, 0)$ 至 (a, b) 的路徑數就等於由 $(0, 0)$ 至 (b, a) 的路徑數：

$$\binom{a+b}{a} = \binom{a+b}{b}$$

如果我們讓 $n = a + b$ 且 $r = a$，上式即為題目所要證明的式子。

恆等式二：

$$\binom{n}{r} = \binom{n-1}{r} + \binom{n-1}{r-1}$$

由 $(0,0)$ 至 (a,b) 的路徑總共有 $C(a+b,a)$ 條，這些路徑可以依到達 (a,b) 的方式分為兩類，有些路徑是由 $(a,b-1)$ 往北到達 (a,b)，有些則是由 $(a-1,b)$ 往東到達 (a,b)；由於由 $(0,0)$ 至 $(a,b-1)$ 總共有 $C(a+b-1,a)$ 種走法，由 $(0,0)$ 至 $(a-1,b)$ 總共有 $C(a+b-1, a-1)$ 種走法，因此

$$\binom{a+b}{a} = \binom{a+b-1}{a} + \binom{a+b-1}{a-1}$$

如果我們讓 $n = a + b$ 且 $r = a$，上式即為我們要證明的式子。

恆等式三：

$$\binom{n}{0} + \binom{n+1}{1} + \cdots + \binom{n+r}{r} = \binom{n+r+1}{r}$$

由 $(0,0)$ 至 $(n+1, r)$ 的路徑總共有 $C(n+r+1, r)$ 條，這些路徑可以依由 $(0,0)$ 出發後「第一次」朝東走的地點分成 $r+1$ 類；有些路徑一開始就朝東走（第一次朝東走的地點為 $(0,0)$），有些路徑先在 y 軸上向北走一格才朝東走（第一次朝東走的地點為 $(0,1)$），有些路徑第一次朝東走的地點為 $(0,2)$，……，有些路徑第一次朝東走的地點為 $(0, r)$。如果我們能夠知道這 $r+1$ 類的每一類各有幾種走法，這 $r+1$ 個數的和應該就等於前述的 $C(n+r+1, r)$。

考慮由 $(0, 0)$ 出發後第一次朝東走的地點為 $(0, k)$ 的情形，其中 $0 \leq k \leq r$。這種路徑有幾條呢? 此種路徑往東走的第一格必定會走到 $(1, k)$，所以此種路徑的個數就是由 $(1, k)$ 至 $(n+1, r)$ 的路徑個數，總共有

$$\binom{n+r-k}{n} = \binom{n+r-k}{r-k}$$

條; 當 $k = 0, 1, \cdots, r$，所有 $r+1$ 類路徑的總數會等於 $C(n+r+1, r)$，因此

$$\sum_{k=0}^{r} \binom{n+r-k}{r-k} = \binom{n+r}{r} + \binom{n+r-1}{r-1} + \cdots + \binom{n}{0}$$
$$= \binom{n+r+1}{r}$$

這正是我們要證明的式子。

恆等式四:

$$\binom{n}{0} + \binom{n}{1} + \binom{n}{2} + \cdots + \binom{n}{n} = 2^n$$

由 $(0, 0)$ 出發後任意走 n 格，每格皆向東或向北，最後的位置一定會落在直線 $x + y = n$ 上:

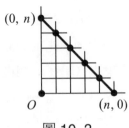

圖 10–3

由於每一步都有向東及向北兩種可能，因此由原點出發走 n 格總共可走出 2^n 條不同的路徑，這些路徑可以依最後所在位置分為 $n+1$ 類；有些路徑最後的位置在 $(n, 0)$，有些在 $(n-1, 1)$，有些在 $(n-2, 2)$，……，有些在 $(0, n)$。由於最後位置在 $(n-k, k)$ 的路徑總共有 $C(n, k)$ 條，而當 $k = 0, 1, \cdots, n$，所有 $n+1$ 類路徑的總數一定會等於 2^n，因此

$$\sum_{k=0}^{n} \binom{n}{k} = \binom{n}{0} + \binom{n}{1} + \cdots + \binom{n}{n} = 2^n$$

這正是我們要證明的式子。

恆等式五：

$$\binom{n}{0}^2 + \binom{n}{1}^2 + \binom{n}{2}^2 + \cdots + \binom{n}{n}^2 = \binom{2n}{n}$$

由 $(0, 0)$ 至 (n, n) 的路徑總共有 $C(2n, n)$ 條，每條此種路徑一定會與直線 $x + y = n$ 交於一點：

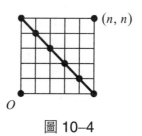

圖 10-4

依據與圖中直線相交的位置，由 $(0, 0)$ 至 (n, n) 的路徑可分為 $n+1$ 類；有些路徑與圖中的直線交於 $(n, 0)$，有些交於 $(n-1, 1)$，有些交於 $(n-2, 2)$，……，有些交於 $(0, n)$。考慮由 $(0, 0)$ 至 (n, n) 的

路徑與圖中的直線交於 $(n-k, k)$ 的情形 $(0 \le k \le n)$；每條此種路徑都可以看成是由前後兩段連接而成，前段是由 $(0, 0)$ 至 $(n-k, k)$（有 $C(n, k)$ 種走法），後段則是由 $(n-k, k)$ 至 (n, n)（也有 $C(n, k)$ 種走法），因此前後段合起來總共有

$$\binom{n}{k} \cdot \binom{n}{k} = \binom{n}{k}^2$$

種走法。當 $k = 0, 1, \cdots, n$，所有 $n+1$ 類路徑的總數會等於 $C(2n, n)$，因此

$$\sum_{k=0}^{n} \binom{n}{k}^2 = \binom{n}{0}^2 + \binom{n}{1}^2 + \cdots + \binom{n}{n}^2 = \binom{2n}{n}$$

這正是我們要證明的式子。

恆等式六：

$$\binom{n}{0}\binom{m}{r} + \binom{n}{1}\binom{m}{r-1} + \cdots + \binom{n}{r}\binom{m}{0} = \binom{n+m}{r}$$

由 $(0, 0)$ 至 $(n+m-r, r)$ 的路徑總共有 $C(n+m, r)$ 條，每條此種路徑一定會與通過 $(m, 0)$ 及 $(m-r, r)$ 的直線交於一點：

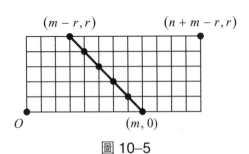

圖 10–5

依據與圖中直線相交的位置，由 $(0, 0)$ 至 $(n+m-r, r)$ 的路徑

可分為 $r+1$ 類；有些路徑與圖中的直線交於 $(m, 0)$，有些交於 $(m-1, 1)$，有些交於 $(m-2, 2)$，……，有些交於 $(m-r, r)$。考慮由 $(0, 0)$ 至 $(n+m-r, r)$ 的路徑與圖中的直線交於 $(m-k, k)$ 的情形 $(0 \le k \le r)$；每條此種路徑都可以看成是由前後兩段連接而成，前段是由 $(0, 0)$ 至 $(m-k, k)$（有 $C(m, k)$ 種走法），後段則是由 $(m-k, k)$ 至 $(n+m-r, r)$（有 $C(n, r-k)$ 種走法），因此前後段合起來總共有

$$\binom{m}{k}\binom{n}{r-k}$$

種走法。當 $k = 0, 1, \cdots, r$，所有 $r+1$ 類路徑的總數一定會等於 $C(n+m, r)$，因此

$$\sum_{k=0}^{r}\binom{m}{k}\binom{n}{r-k} = \binom{m}{0}\binom{n}{r} + \binom{m}{1}\binom{n}{r-1} + \cdots + \binom{m}{r}\binom{n}{0}$$

$$= \binom{n+m}{r}$$

這正是我們要證明的式子。此恆等式稱為 Vandermonde's identity，因法國數學家 Alexandre-Théophile Vandermonde (1735–1796) 而得名。

恆等式七：

$$\binom{n}{m}\binom{r}{0} + \binom{n-1}{m-1}\binom{r+1}{1} + \cdots + \binom{n-m}{0}\binom{r+m}{m}$$

$$= \binom{n+r+1}{m}$$

由 $(0, 0)$ 至 $(n-m+r+1, m)$ 的路徑總共有 $C(n+r+1, m)$ 條，每條此種路徑一定會與圖 10–6 中的直線 L 有正好一個交點：

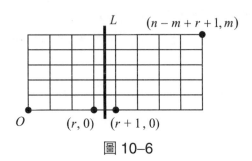

圖 10–6

　　依據與圖中的直線 L 相交的位置，由 $(0,0)$ 至 $(n-m+r+1,m)$ 的路徑可分為 $m+1$ 類；有些路徑在 $(r,0)$ 與 $(r+1,0)$ 之間與 L 相交，有些在 $(r,1)$ 與 $(r+1,1)$ 之間與 L 相交，……，有些在 (r,m) 與 $(r+1,m)$ 之間與 L 相交。考慮由 $(0,0)$ 至 $(n-m+r+1,m)$ 的路徑與直線 L 交於 (r,k) 與 $(r+1,k)$ 之間的情形 $(0 \leq k \leq m)$；每條此種路徑可以看成是由前後兩段連接而成，前段由 $(0,0)$ 至 (r,k) 然後再往東一格至 $(r+1,k)$（有 $C(r+k,k)$ 種走法），後段則是由 $(r+1,k)$ 至 $(n-m+r+1,m)$（有 $C(n-k,m-k)$ 種走法），因此前後段合起來總共有

$$\binom{r+k}{k}\binom{n-k}{m-k}$$

種走法。當 $k=0,\ 1,\cdots,\ m$，所有 $m+1$ 類路徑的總數一定會等於 $C(n+r+1,m)$，因此

$$\sum_{k=0}^{m} \binom{r+k}{k}\binom{n-k}{m-k}$$

$$= \binom{r}{0}\binom{n}{m} + \binom{r+1}{1}\binom{n-1}{m-1} + \cdots + \binom{r+m}{m}\binom{n-m}{0}$$

$$= \binom{n+r+1}{m}$$

這正是我們要證明的式子。

一個相關的問題

在一場選舉中，只有 A 與 B 兩位候選人，開票的結果是 A 與 B 分別獲得了 a 票與 b 票，且 $a > b$。請問：從開出第一張票起到將票全部開出的過程中，A 的得票數始終領先 B 的得票數的可能開票過程有多少種？舉例來說，如果 $a = 4$ 且 $b = 2$，那麼可能的開票過程有 $AAAABB, AAABAB, AAABBA, AABAAB, AABABA$ 等五種。

讀者不難看出，這個問題其實可以轉化成求路徑個數的問題，一個可能的開票過程就對應到一條由 $(0, 0)$ 至 (a, b) 且行進過程與直線 $x = y$ 不相交的路徑；例如圖 10–7 中的路徑 $EENENEENNE$ 就對應到 $AABABAABBA$ 的開票順序：

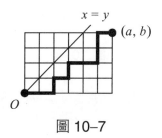

圖 10–7

　　由於 A 須一路領先，任何一條符合要求的路徑由原點出發後一定先向東走兩格，因此這個問題相當於求由 $(2, 0)$ 至 (a, b) 且行進過程與直線 $x = y$ 不相交的路徑個數。如果先不管不能與直線 $x = y$ 相交的限制，那麼由 $(2, 0)$ 至 (a, b) 的路徑總共有 $C(a + b - 2, a - 2)$ 條；此數減去行進過程會與直線 $x = y$ 相交的路徑數即為不與直線 $x = y$ 相交的路徑數；以下我們將設法求出由 $(2, 0)$ 至 (a, b) 且行進過程會與直線 $x = y$ 相交的路徑有多少條。

　　仿照第 7 篇所用的方法，對任意一條會與直線 $x = y$ 相交的路徑，我們可以找到它由 $(2, 0)$ 出發後第一次與直線 $x = y$ 相交的位置（假設此點為 P），此路徑被 P 分為前後兩段；如果我們將 P 之後所有的 E 以 N 取代，所有的 N 以 E 取代，所得的結果與前段合起來一定是一條由 $(2, 0)$ 至 (b, a) 的路徑：

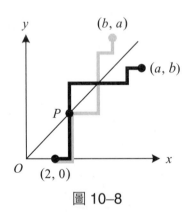

圖 10–8

　　這種轉換的關係不難推知是一對一且映成的，因此由 $(2, 0)$ 至 (a, b) 且行進過程會與直線 $x = y$ 相交的路徑數就等於由 $(2, 0)$ 至 (b, a) 的路徑數，也就是 $C(a + b - 2, a)$。

因此，由 $(2, 0)$ 至 (a, b) 且不與直線 $x = y$ 相交的路徑數為

$$\binom{a+b-2}{a-2} - \binom{a+b-2}{a}$$

$$= \frac{(a+b-2)!}{(a-2)!b!} - \frac{(a+b-2)!}{a!(b-2)!} = \frac{(a+b-2)!}{a!b!}(a(a-1)-b(b-1))$$

$$= \frac{(a+b-2)!}{a!b!}(a-b)(a+b-1) = \frac{(a+b)!}{a!b!} \cdot \frac{(a-b)}{(a+b)}$$

$$= \frac{a-b}{a+b}\binom{a+b}{a}$$

這就是 A 的票數始終領先 B 的票數的可能開票順序個數。這個問題在術語上通常稱為「投票問題」(Ballot Problem)。

一個不等式的證明

以下我們將利用路徑個數的概念來證明當 $k < n$ 時，下式恆成立：

$$\binom{n}{k+1}\binom{n}{k-1} \le \binom{n}{k}\binom{n}{k}$$

由點 $A(0, 1)$ 至點 $B(k+1, n-k)$ 的路徑有 $C(n, k+1)$ 條，由點 $E(1, 0)$ 至點 $F(k, n-k+1)$ 的路徑有 $C(n, k-1)$ 條；如果我們定義集合 S 為

$S = \{(p, q) | p$ 為一條由 A 至 B 的路徑且 q 為一條由 E 至 F 的路徑$\}$

那麼 S 的元素個數（記作 $|S|$）顯然等於 $C(n, k+1)C(n, k-1)$。

另一方面，由 A 至 F 的路徑與由 E 至 B 的路徑同樣都有 $C(n, k)$ 條；如果我們定義集合 T 為

$T = \{(p', q') \mid p'$ 為一條由 A 至 F 的路徑且 q' 為一條由 E 至 B 的路徑$\}$

那麼 T 的元素個數 $|T|$ 顯然等於 $C(n, k)C(n, k)$，而我們相當於要證明 $|S| \leq |T|$。

　　對集合 S 的任意一個元素 (p, q) 而言，由於 A 與 B 分別位於 $\overline{EF}$ 的兩側，因此 p 與 q 一定有交點（見圖 10–9 左）；如果我們將 p 與 q 由 A 及 E 出發後的第一個交點稱為 X，並且將 p 與 q 在 X 之後的部分互換，所得將是集合 T 的一個元素 (p', q')（見圖 10–9 右）。

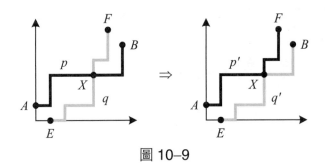

圖 10–9

　　這種轉換顯然是一對一的，也就是說，對集合 S 的任意兩個不同的元素 (p_1, q_1) 與 (p_2, q_2) 而言，經過上述轉換所得的 (p'_1, q'_1) 與 (p'_2, q'_2) 一定不同；由此可知 T 的元素個數至少會和 S 的元素個數一樣多（集合 T 有可能還有一些元素沒有被集合 S 的元素對應到），因此 $|S| \leq |T|$ 一定成立。

結語

一般而言，如果函數 f 由集合 A 對應到集合 B，而且 f 為一對一函數，那麼 $|A| \le |B|$ 一定成立；如果 f 是映成 (onto) 函數，那麼 $|A| \ge |B|$ 一定成立；而如果 f 是一對一且映成，那麼 $|A|$ 與 $|B|$ 一定相等。

證明與二項式係數有關的恆等式較典型的作法是由代數著手，例如將特定的值代入二項式定理或是直接將各 $C(n, r)$ 表為分式然後再通分化簡等；另一個常見的作法是由組合的觀點設法營造出適當的情境，例如將 $C(n, r)$ 解釋成由 n 顆球中取出 r 顆球的方法數等，數學歸納法及生成函數亦是可能的證明方式；本文則是由幾何的觀點賦予一些恆等式幾何上的意義。

「一題多解」原為數學解題樂趣的泉源，所謂「條條大路通羅馬」；本文探討的是與路徑有關的問題，這句格言在此似乎顯得格外貼切。

練習題

1. 以本文的幾何方式證明以下恆等式：
$$\binom{n-1}{r-1} + \binom{n-2}{r-1} + \binom{n-3}{r-1} + \cdots + \binom{r-1}{r-1} = \binom{n}{r}$$

2. 證明以下恆等式（提示：利用上題的恆等式）：
$$m! + \frac{(m+1)!}{1!} + \frac{(m+2)!}{2!} + \cdots + \frac{(m+n)!}{n!} = \frac{(m+n+1)!}{(m+1) \cdot n!}$$

3. 每條由 $(0, 0)$ 至 $(n-r, r)$ 的路徑一定會與直線 $x = n - r - 1$ 交於

一點；據此發展出一個恆等式。

4. 利用圖 10–10 說明方程式 $x_1 + x_2 + x_3 + x_4 = 6$ 的非負整數解總共有 $C(9, 3)$ 組。

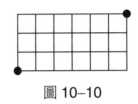

圖 10–10

5. 某個袋子中有 a 顆白球與 b 顆黑球，a 與 b 皆為正整數且 $a < b$。如果從這個袋子中將球一顆一顆隨機取出，並在取球過程中隨時記錄已經取出的白球數與黑球數，那麼從取出第一顆球後到將球全部取出的過程中，已取出的白球數與黑球數曾經在某個時候相等的機率是多少？

（本文原刊載於《科學教育月刊》第 256 期，原文已作部分修改）

11

線性遞迴的求解

　　當我們用遞迴的觀念解決問題時，許多時候所得的遞迴關係為常係數線性遞迴關係，這類遞迴關係不難利用本篇所介紹的方法來求解；方法稍嫌具機械性，就算是「必要之惡」吧。

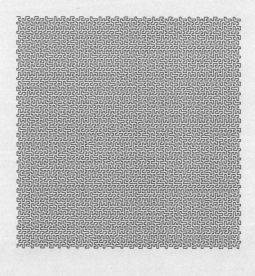

本書的第 2 篇及第 9 篇曾經介紹了一些求出遞迴關係的解的方法，本篇將介紹一種常見的遞迴關係──常係數線性遞迴關係──的求解技巧。所謂「常係數線性遞迴關係」(linear recurrence relations with constant coefficients) 是指具有如下形式的遞迴關係：

$$a_n = c_1 a_{n-1} + c_2 a_{n-2} + \cdots + c_k a_{n-k} \tag{1}$$

其中的 c_1, c_2, $\cdots$, c_k 都是已知的常數。

形如(1)式的遞迴關係對我們而言並非全然陌生，第 9 篇的例題一、例題三及費氏數列都是常係數線性遞迴關係的例子，因此如果您對第 9 篇的內容有基本瞭解的話，其實已經有能力求得這類遞迴關係的解了；這類遞迴關係是各種場合中相當常見的一種類型，因此如何快速求得解答特別值得探討；本篇將為讀者介紹面對這類遞迴關係時一個比第 9 篇的作法更簡單的方法。

特徵方程式

在第 9 篇的例題一中，我們由遞迴關係 $a_n = 3a_{n-1}$ 及初始條件導出數列的生成函數為

$$G(x) = \frac{2}{1 - 3x}$$

而在同一篇的費氏數列的例子中，我們由遞迴關係 $F_n = F_{n-1} + F_{n-2}$ 及初始條件導出數列的生成函數為

$$G(x) = \frac{x}{1 - x - x^2}$$

由這兩個例子的推導過程讀者不難推測，對一個形如(1)式的遞迴關係，我們經由類似的推導必可將數列的生成函數 $G(x)$ 表為一個

真分式：

$$G(x) = \frac{Q(x)}{P(x)}$$

其中的分子 $Q(x)$ 決定於遞迴定義中的初始條件，而分母的 $P(x)$ 則是一個由遞迴關係決定的一元 k 次多項式（假設 $c_k \neq 0$）：

$$P(x) = 1 - c_1 x - c_2 x^2 - \cdots - c_k x^k$$

如果 $P(x)$ 可被因式分解為

$$P(x) = (1 - r_1 x)(1 - r_2 x) \cdots (1 - r_k x)$$

（此時的 $r_1, r_2, \cdots, r_k$ 為方程式 $x^k - c_1 x^{k-1} - c_2 x^{k-2} - \cdots - c_k = 0$ 的 k 個根）而且 $r_1, r_2, \cdots, r_k$ 全都相異，那麼利用部分分式必可將 $G(x)$ 表為

$$G(x) = \frac{Q(x)}{P(x)} = \frac{b_1}{1 - r_1 x} + \frac{b_2}{1 - r_2 x} + \cdots + \frac{b_k}{1 - r_k x}$$

其中的 $b_1, b_2, \cdots, b_k$ 都是常數，由此可求得數列的一般式為

$$a_n = b_1 r_1^n + b_2 r_2^n + \cdots + b_k r_k^n \tag{2}$$

這就是我們在第 9 篇的作法。

上述方程式

$$x^k - c_1 x^{k-1} - c_2 x^{k-2} - \cdots - c_k = 0 \tag{3}$$

稱為(1)式的「特徵方程式」（characteristic equation）。既然滿足(1)式的數列的一般式必形如(2)式（當 $r_1, r_2, \cdots, r_k$ 皆相異時），當我們面對一個形如(1)式的遞迴關係的求解問題時，我們其實可以直接由(3)式著手，求出其 k 個根，如此一來(2)式的等號右邊就只剩下係數 b_1, $b_2, \cdots, b_k$ 待決了，它們的值由遞迴定義中的初始條件即可決定。這樣的作法在計算上通常會比使用生成函數的作法簡單許多；以下我們舉例子來說明這個作法。

兩個例子

 例題一

求出以下數列的一般式。

$$a_n = \begin{cases} 6, & n = 1 \\ 2a_{n-1}, & n > 1 \end{cases}$$

解：

由特徵方程式 $x - 2 = 0$ 可解得 $x = 2$，因此 a_n 的一般式具有如 $a_n = b \cdot 2^n$ 的形式。由初始條件 $a_1 = 6$ 可知 $6 = b \cdot 2^1$，得 $b = 3$，因此 a_n 的一般式為 $a_n = 3 \cdot 2^n$。

 例題二

求出以下數列的一般式。

$$a_n = \begin{cases} 1, & n = 0 \\ 1, & n = 1 \\ 2a_{n-1} + 3a_{n-2}, & n > 1 \end{cases}$$

解：

由特徵方程式 $x^2 - 2x - 3 = 0$ 可解得 $x = 3, -1$，因此 a_n 的一般式具有如下形式：

$$a_n = b_1 3^n + b_2 (-1)^n$$

由初始條件可知$1 = b_1 + b_2$且$1 = 3b_1 - b_2$，兩式聯立可得$b_1 = b_2 = 1/2$，因此a_n的一般式為

$$a_n = \frac{1}{2} \times 3^n + \frac{1}{2} \times (-1)^n$$

 ## 費氏數列的一般式 ....

費氏數列可用如下的方式定義：

$$a_n = \begin{cases} 0, & n = 0 \\ 1, & n = 1 \\ a_{n-1} + a_{n-2}, & n > 1 \end{cases}$$

由特徵方程式$x^2 - x - 1 = 0$可解得$x = (1 \pm \sqrt{5})/2$，因此a_n的一般式具有如下形式：

$$a_n = b_1 \left(\frac{1 + \sqrt{5}}{2} \right)^n + b_2 \left(\frac{1 - \sqrt{5}}{2} \right)^n$$

由初始條件可知

$$0 = b_1 + b_2 \text{ 且 } 1 = b_1 \cdot \frac{1 + \sqrt{5}}{2} + b_2 \cdot \frac{1 - \sqrt{5}}{2}$$

兩式聯立可解得$b_1 = 1/\sqrt{5}$及$b_2 = -1/\sqrt{5}$，因此a_n的一般式為

$$a_n = \frac{1}{\sqrt{5}} \left(\frac{1 + \sqrt{5}}{2} \right)^n - \frac{1}{\sqrt{5}} \left(\frac{1 - \sqrt{5}}{2} \right)^n$$

這正是我們在第9篇曾經見過的 Binet's formula。

附帶一提，導出 Binet's formula 的另一個有趣的方式是先證明引理：若$x^2 = x + 1$，則對所有$n = 2, 3, 4, \cdots$，$x^n = a_n x + a_{n-1}$。

這不難由數學歸納法證明。首先，當$n = 2$時，

$$x^2 = x + 1 = a_2 x + a_1$$

的確成立（因為 $a_1 = a_2 = 1$）。假設當 $n = k$ 時，$x^k = a_k x + a_{k-1}$ 成立，則當 $n = k + 1$ 時，

$$x^{k+1} = x \cdot x^k = a_k x^2 + a_{k-1} x = a_k(x + 1) + a_{k-1} x$$
$$= (a_k + a_{k-1})x + a_k = a_{k+1} x + a_k$$

因此根據數學歸納法得證。

令 y 與 z 為 $x^2 = x + 1$ 的兩個根，由於當 $n = 2, 3, 4, \cdots$，

$$y^n = a_n y + a_{n-1}$$
$$z^n = a_n z + a_{n-1}$$

兩式相減得

$$y^n - z^n = a_n(y - z)$$
$$a_n = (y^n - z^n)/(y - z)$$

將 y 與 z 分別以 $(1 + \sqrt{5})/2$ 與 $(1 - \sqrt{5})/2$ 代入即得

$$a_n = \frac{1}{\sqrt{5}} \left[\left(\frac{1 + \sqrt{5}}{2} \right)^n - \left(\frac{1 - \sqrt{5}}{2} \right)^n \right]$$

有虛根的情形

特徵方程式(3)的根除了實根之外也可能有虛根，(2)式對於虛根的情形其實同樣適用。舉個例子，假設我們想求出以下數列的一般式：

$$a_n = \begin{cases} 2, & n = 0 \\ 2, & n = 1 \\ 2a_{n-1} - 2a_{n-2}, & n > 1 \end{cases}$$

由特徵方程式 $x^2 - 2x + 2 = 0$ 可解得 $x = 1 \pm i$，因此 a_n 的一般式具有如下形式：

$$a_n = b_1(1 + i)^n + b_2(1 - i)^n$$

由初始條件可知

$$2 = b_1 + b_2 \text{ 且 } 2 = b_1(1 + i) + b_2(1 - i)$$

兩式聯立可解得 $b_1 = b_2 = 1$，因此 a_n 的一般式為

$$a_n = (1 + i)^n + (1 - i)^n$$

請留意(2)式中的 a_n 是 $r_1^n, r_2^n, \cdots, r_k^n$ 的「線性組合」(linear combination)；讀者不難驗證對任意 t ($1 \leq t \leq k$) 而言，$a_n = r_t^n$ 都滿足(1)式；由於(1)式為線性關係，因此任何(1)式的解的線性組合必定還是(1)式的解。

有重根時的解

當特徵方程式有重根時，(1)式的解的形式將與(2)式稍有不同。假設 r 為特徵方程式(3)的一個「d 重根」（也就是說，$(x - r)^d$ 是(3)式的因式），由第 9 篇例題三的解題過程讀者不難觀察出此時 a_n 的一般式將是 $r^n, nr^n, n^2r^n, \cdots, n^{d-1}r^n$ 這些項的線性組合（讀者可自行驗證當 $a_n = r^n, nr^n, n^2r^n, \cdots, n^{d-1}r^n$ 都滿足(1)式）。

舉例來說，假設某個遞迴關係的特徵方程式解得如下八個根：2、2、2、2、5、5、5、9，其中的 2 與 5 分別為四重根與三重根，那麼這個遞迴關係的一般式將具有如下形式：

$$b_1 2^n + b_2 n 2^n + b_3 n^2 2^n + b_4 n^3 2^n + b_5 5^n + b_6 n 5^n + b_7 n^2 5^n + b_8 9^n$$

即

$$2^n(b_1 + b_2 n + b_3 n^2 + b_4 n^3) + 5^n(b_5 + b_6 n + b_7 n^2) + b_8 9^n$$

讀者不難看出(2)式其實是特徵方程式在沒有重根時的特例。我們最後舉一個特徵方程式有重根的例子。假設某個數列滿足 $a_0 = 4$, $a_1 = -5$, $a_2 = -9$, 而當 $n > 2$ 時, $a_n = 3a_{n-1} - 4a_{n-3}$。我們想求其一般式。

由特徵方程式 $x^3 - 3x^2 + 4 = 0$ 可解得 $x = 2, 2, -1$, 因此 a_n 的一般式具有如下形式:

$$a_n = 2^n(b_1 + b_2 n) + b_3 (-1)^n$$

由初始條件可知

$$\begin{cases} 4 = b_1 + b_3 \\ -5 = 2b_1 + 2b_2 - b_3 \\ -9 = 4b_1 + 8b_2 + b_3 \end{cases}$$

解得 $b_1 = 1, b_2 = -2, b_3 = 3$, 因此 a_n 的一般式為

$$a_n = 2^n(1 - 2n) + 3(-1)^n$$

 練習題

1. 某數列滿足 $a_0 = 3$, $a_1 = 1$, $a_2 = 8$, 而當 $n > 2$ 時, $a_n = 3a_{n-2} - 2a_{n-3}$, 試求其一般式。

2. 某數列滿足 $a_0 = 0$, $a_1 = 1$, $a_2 = 2$, $a_3 = 3$, 而當 $n > 3$ 時, $a_n = -2a_{n-2} - a_{n-4}$, 試求其一般式。

3. 集合 $\{1, 2, 3\}$ 總共有 $2^3 = 8$ 個部分集合, 其中有些部分集合所含的元素中沒有任何兩個元素的大小之差為 1, 這樣的部分集合有 $\varnothing$, $\{1\}$, $\{2\}$, $\{3\}$, $\{1, 3\}$ 等五個。對任意正整數 n, 假設 a_n 代表集合 $\{1, 2, \cdots, n\}$ 的所有部分集合中, 不含大小之差為 1 的兩個元

素的部分集合個數；我們已知 $a_3 = 5$，試用遞迴的方式定義數列 $a_1, a_2, a_3, \cdots$，然後利用本篇的方法求出 a_n 的一般式。

Mathematics is not a deductive science—that's a cliché. When you try to prove a theorem, you don't just list the hypotheses, and then start to reason. What you do is trial and error, experimentation, guesswork.

Paul Halmos

The advanced reader who skips parts that appear to him too elementary may miss more than the less advanced reader who skips parts that appear to him too complex.

George Pólya

If chess permits a virtually infinite variety of games, the rules of nature surely do. Science may be immortal after all.

John Horgan

12

跌跌撞撞的機率

本篇利用遞迴的概念探討幾個與「隨機行走」(random walk) 有關的問題；這類機率問題在許多領域有著重要的應用。

「遞迴」(Recursion) 的概念除了可以用來解決不少計數方面的
問題外，在其他許多領域也扮演著重要的角色。在這一篇裡，我們
將介紹遞迴在幾個機率問題的應用。

懸崖邊的醉漢

　　某個醉漢在一個月黑風高的夜裡跌跌撞撞地來到了一個懸崖
邊，他只要再向前走一步就會跌落懸崖。如果從現在開始他的每一
步不是向前就是向後，而且向前及向後的機率分別是 1/3 與 2/3，
那麼他跌落山崖的機率是多少？

　　會使得醉漢跌落山崖的走法有無窮多種，如向前一步、向後→
向前→向前、向後→向前→向後→向前→向前、向後→向後→向前
→向前→向前等；每種走法所走的步數必定都是奇數。

　　由於醉漢的前進與後退都在一直線上，他的移動可以看成是在
數線上左右移動，我們將懸崖的坐標定為 0，醉漢一開始的位置定
為 1；一旦他的所在位置為 0 就相當於跌落懸崖。

　　考慮比原來的問題更具一般性的情況：假設醉漢的每一步向右
及向左的機率分別為 p 及 $1-p$，而 P_x 代表醉漢一開始的位置為 x
時跌落懸崖的機率；原來題目中的 p 為 2/3，所要求的機率則是 P_1
（見圖 12–1）。

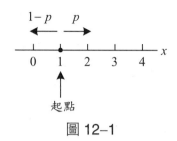

圖 12-1

　　讀者不難預測，當 $p = 0$ 時 P_1 必等於 1，而當 $p = 1$ 時 P_1 必等於 0；當 p 的值由 0 持續增加到 1 時，P_1 的值會由 1 減少到 0；P_1 的值會隨著 p 的改變而起「連續」的變化，也就是說，P_1 應該是一個連續函數。

　　由於醉漢的第一步在數線上不是向左就是向右，如果向右到達坐標為 2 的點的話，接下來的移動會跌落懸崖的機率為 P_2，因此以下遞迴關係成立：

$$P_1 = (1 - p) + pP_2$$

　　由坐標為 2 的點走到坐標為 0 的點的走法可以分為前後兩段，前段是由坐標為 2 的點走到坐標為 1 的點（發生的機率為 P_1，因為與由坐標為 1 的點走到坐標為 0 的點同樣是向左一個單位），後段則是由坐標為 1 的點走到坐標為 0 的點（發生的機率為 P_1），因此 $P_2 = P_1 \cdot P_1$，上式可改寫為

$$P_1 = (1 - p) + pP_1^2$$

將 P_1 當做未知數可解得

$$P_1 = 1 \ 或 \ P_1 = \frac{1 - p}{p}$$

解出來的兩個根在 $p = 1/2$ 時相等（見圖 12-2）。

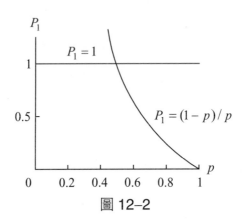

圖 12–2

由於 P_1 的值不能大於 1，顯然 $P_1 = (1-p)/p$ 於 $0 \le p < 1/2$ 的情形不適用，也就是說，當 $0 \le p < 1/2$，P_1 的值必為 1。

另一方面，由於 P_1 是 p 的連續函數而且當 $p = 1$ 時 P_1 的值為 0，因此當 $1/2 \le p \le 1$ 時，P_1 的值一定等於 $(1-p)/p$。

就我們原來要解決的問題而言，p 的值為 $2/3$，而

$$P_1 = \frac{1 - (2/3)}{(2/3)} = \frac{1}{2}$$

所以醉漢跌落山崖的機率是二分之一。

請讀者留意：上面的論述告訴我們，當 $p = 1/2$，也就是醉漢的每一步向前及向後的機率一樣時，他跌落山崖的機率是百分之百！只有當醉漢的每一步向後的機率被提昇到高於 $2/3$ 時，醉漢跌落山崖的機率才會降到一半以下，這樣的結論也許與許多讀者的直覺相抵觸。

接下來我們考慮更具一般性的情形：如果醉漢一開始的位置離懸崖邊有 m 步之遙（m 為任意正整數），而且他的每一步向後及向前

的機率分別是 p 與 $1-p$，那麼他跌落山崖的機率是多少呢？

我們不難將前述起點為 2 時醉漢跌落山崖的機率 $P_2 = P_1 P_1$ 推廣到起點為任意正整數 m 的情形；當 $m > 1$，由坐標為 m 的點走到坐標為 0 的點的走法可以分為前後兩段，前段是由坐標為 m 的點走到坐標為 $m-1$ 的點（發生的機率為 P_1），後段則是由坐標為 $m-1$ 的點走到坐標為 0 的點（發生的機率為 P_{m-1}），因此 P_m 的值等於 $P_1 P_{m-1}$，而

$$P_2 = P_1 P_1 = P_1^2$$
$$P_3 = P_1 P_2 = P_1^3$$
$$P_4 = P_1 P_3 = P_1^4$$
$$\vdots$$

一般而言，$P_m = P_1^m$。我們從前面的問題已知

$$P_1 = \begin{cases} 1, & 0 \le p \le 1/2 \\ (1-p)/p, & 1/2 \le p \le 1 \end{cases}$$

由此可知

$$P_m = \begin{cases} 1, & 0 \le p \le 1/2 \\ ((1-p)/p)^m, & 1/2 \le p \le 1 \end{cases}$$

因此當 $p < 1/2$ 時，不管醉漢一開始離崖邊多遠，他跌落山崖的機率都是 1；而當 $p > 1/2$ 時，醉漢一開始離崖邊越遠，他跌落山崖的機率就越小。

 ## 你死我活的棋賽

M 和 N 兩人都喜歡找對方下棋，他們下的每一局棋由 M 獲勝

的機率都是 2/3（N 獲勝的機率為 1/3）。如果 M 與 N 一開始分別有一元及兩元，每下完一局輸的人就付給贏的人一元，而且比賽一直持續到有一方輸光了為止，請問：M 將 N 的錢全部贏走的機率是多少？

　　考慮更具一般性的情況：一開始 M 與 N 分別有 m 與 n 元，每一局 M 獲勝的機率為 p，N 獲勝的機率為 $q = 1 - p$；M 在比賽過程中的任何時候所擁有的金額可以看成是數線上的一點，一開始 M 的坐標為 m，他的每一步向右及向左的機率分別為 p 與 q，一旦他的位置落在原點就代表他的錢已經輸光了，而一旦他的位置落在坐標為 $m + n$ 的點就代表 N 的錢輸光了（見圖 12–3）。

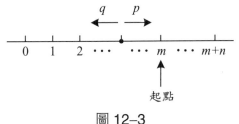

圖 12–3

　　讀者不難看出這個問題和醉漢走路的問題有密切的關連；此時相當於有兩個「懸崖」，分別位於坐標為 0 及 $m + n$ 之處，只要 M 走到這兩點中的任何一點比賽即告結束。

　　由於本題的 $p = 2/3 > 1/2$，因此如果我們先忽略當 M 到達坐標為 $m + n$ 的點時比賽將會結束（也就是假設比賽仍會繼續進行，N 可以有負債）的話，那麼我們由前面的醉漢走路問題的解答已經知道 M 到達原點的機率為 $(q/p)^m$。

　　M 由坐標為 m 的點走到原點的過程中可能會經過坐標為 $m + n$

的點（N 將錢輸光），也可能不會經過該點（M 將錢輸光）；如果我們假設 M 由起點走到坐標為 $m+n$ 的點的機率為 Q，那麼下面的關係一定成立：

$$(q/p)^m = (1-Q) + Q(q/p)^{m+n}$$

其中的 $(q/p)^{m+n}$ 是由坐標為 $m+n$ 的點走到原點的機率。將上式中的 Q 當作未知數可解得

$$Q = \frac{1-(q/p)^m}{1-(q/p)^{m+n}}$$

原來題目中的 $p = 2/3$, $q = 1/3$, $m = 1$, $n = 2$，代入上式可算出 M 將 N 的錢全部贏走的機率為 4/7；因此儘管一開始 N 的錢較多，M 的贏面卻較大。

如果 $p = q = 1/2$ 會是什麼情形呢？將 p 與 q 的值代入上式的結果將使得分子與分母同時為 0，不過由 L'Hôpital's rule 可知當 (q/p) 趨近 1 時，M 將 N 的錢全部贏走的機率將趨近 $m/(m+n)$，因此當 M 和 N 的棋藝相當時，每個人成為最後贏家的機率正比於比賽一開始各人所擁有的金錢多寡；M 可以期望從比賽中獲利

$$\frac{m}{m+n}(n) + \frac{n}{m+n}(-m) = 0$$

元，N 所期望的獲利也同樣是 0 元，因此這將是一場公平的賭局。這個問題常稱為 gambler's ruin，是古典機率中有名的問題。

三度空間中的隨機行走

有一隻蒼蠅沿著圖 12-4 的立方體 ABCDEFGH 的 12 條邊爬行；每當牠到達立方體的一個頂點時牠可以選擇與該頂點相連的三

條邊中的任意一條繼續爬行，每一條邊被選中的機率都是 1/3。

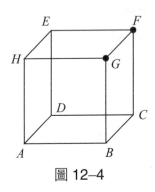

圖 12–4

　　在 F 和 G 兩個點上鋪著捕蠅紙，因此這隻蒼蠅一旦走到 F 或 G 的話將被捕蠅紙黏住而不能再移動。如果蒼蠅一開始的位置為 A，請問：(1)牠會在 G 點被黏住的機率是多少？(2)牠會在 F 點被黏住的機率是多少？(3)牠不會被任何捕蠅紙黏住的機率是多少？

　　我們先求蒼蠅會被位於 G 點的捕蠅紙黏住的機率。假設蒼蠅由 A 點出發後在 G 點被黏住的機率為 p 且由 H、E、D 點出發後在 G 點被黏住的機率分別為 x、y、z；基於對稱，蒼蠅由 B 與 C 出發後在 G 點被黏住的機率將分別是 x 與 y，如圖 12–5 所示：

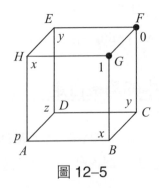

圖 12–5

　　如果蒼蠅在某個時刻的所在位置為 A 點，那麼牠所抵達的下一個頂點是 H、B、D 的機率分別都是 1/3，因此

$$p = \frac{1}{3}x + \frac{1}{3}x + \frac{1}{3}z$$

同理可得

$$x = \frac{1}{3}p + \frac{1}{3}y + \frac{1}{3} \cdot 1, \, y = \frac{1}{3}x + \frac{1}{3}z + \frac{1}{3} \cdot 0, \, z = \frac{1}{3}p + \frac{1}{3}y + \frac{1}{3}y$$

將以上四式聯立可解得 $p = 4/7$（x, y, z 的值則分別是 9/14, 5/14, 3/7）。

　　接著求蒼蠅會被位於 F 點的捕蠅紙黏住的機率。同樣地，假設蒼蠅由 A 點出發後在 F 點被黏住的機率為 p 且由 H、E、D 點出發後在 F 點被黏住的機率分別為 x、y、z；基於對稱，蒼蠅由 B 與 C 出發後在 F 點被黏住的機率將分別是 x 與 y，如圖 12–6 所示：

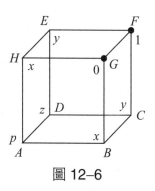

圖 12–6

根據題意列出以下方程式：

$$p = \frac{1}{3}x + \frac{1}{3}x + \frac{1}{3}z, \, x = \frac{1}{3}p + \frac{1}{3}y + \frac{1}{3} \cdot 0$$

$$y = \frac{1}{3}x + \frac{1}{3}z + \frac{1}{3} \cdot 1, \, z = \frac{1}{3}p + \frac{1}{3}y + \frac{1}{3}y$$

由此可解得 $p = 3/7$（x, y, z 的值則分別是 $5/14, 9/14, 4/7$）。

因此，蒼蠅由 A 點出發後會在 G 點被黏住的機率為 $4/7$，會在 F 點被黏住的機率為 $3/7$，而牠可以永遠逍遙，不會被任何捕蠅紙黏住的機率為

$$1 - \left(\frac{4}{7} + \frac{3}{7} \right) = 0$$

再看一個例子：有一隻螞蟻沿著正四面體 $ABCD$ 的四條邊爬行，每當牠到達正四面體的一個頂點時牠可以選擇與該頂點相連的三條邊中的任意一條繼續爬行，每一條邊被選中的機率都是 $1/3$。

如果螞蟻一開始的位置為 A 而正四面體的每條邊的長度都是一呎，請問：當螞蟻爬完七呎時，牠的所在位置為 A 的機率是多少？

假設 a_n 代表螞蟻爬了 n 呎後的所在位置為 A 的機率；很顯然 $a_0 = 1$，我們希望求得 a_7 的值。

如果螞蟻爬了 $n-1$ 呎後的所在位置為 A（機率為 a_{n-1}），那麼很顯然當牠再爬一呎後的位置不可能為 A。如果螞蟻爬了 $n-1$ 呎後的所在位置為 B、C、D 等三點之一（機率為 $1 - a_{n-1}$），那麼當牠再爬一呎後的位置為 A 的機率為 $1/3$。由以上推論，我們有了數列的遞迴定義：

$$a_n = \begin{cases} 1, & n = 0 \\ (1 - a_{n-1})/3, & n > 0 \end{cases}$$

由此可陸續算出 $a_1, a_2, \cdots, a_7$ 的值如下：

n	1	2	3	4	5	6	7
a_n	0	$\frac{1}{3}$	$\frac{2}{9}$	$\frac{7}{27}$	$\frac{20}{81}$	$\frac{61}{243}$	$\frac{182}{729}$

因此題目所求的機率為 182/729。讀者不難利用第 2 篇介紹的方法推導出 a_n 的一般式為

$$a_n = \frac{1}{4} + \left(-\frac{1}{3}\right)^n \left(\frac{3}{4}\right)$$

 練習題

1. 某隻青蛙在數線上以原點為起點開始自由跳躍；如果牠的每一步向右及向左的機率都是 1/2，而且當牠向右跳時每一步都是兩個單位（由 i 跳到 $i+2$），當牠向左跳時每一步都是一個單位（由 i 跳到 $i-1$），那麼牠會跳到坐標為 -1 的點上的機率是多少？

2. 某隻青蛙在數線上以原點為起點開始自由跳躍；如果牠的每一步都等長而且向右及向左的機率都是 1/2，請問：

⑴牠會跳回原點的機率是多少？

⑵牠跳了 10 步之後的所在位置正好是原點的機率是多少？

⑶牠跳了 10 步之後的所在位置正好是原點，而且這是牠從開始跳躍之後首度回到原點的機率是多少？

⑷如果牠跳了 n 步之後的所在位置正好是原點，而且這是牠從開始跳躍之後首度回到原點，n 的期望值是多少？

3. 某隻跳蚤在坐標平面上以原點為起點開始自由跳躍。牠的每一步的方向皆為東北、東南、西北、西南等四個方向之一，每一步都等長，而且每個方向被選中的機率都是 1/4。請問：

⑴牠跳了 10 步之後的所在位置正好是原點的機率是多少？

⑵牠會跳回原點的機率是多少？

（本文原刊載於《科學教育月刊》第 255 期，原文已作部分修改）

Mathematics is the cheapest science. Unlike physics or chemistry, it does not require any expensive equipment. All one needs for mathematics is a pencil and paper.

George Pólya

Many of the things you can count, don't count. Many of the things you can't count, really count.

Albert Einstein

A Mathematician is a machine for turning coffee into theorems.

Paul Erdös

To be a scholar of mathematics you must be born with talent, insight, concentration, taste, luck, drive and the ability to visualize and guess.

Paul Halmos

13

用畫筆解數學問題

　　這一篇介紹的幾個問題常被歸類為「奇偶問題」，雖然看起來像是在玩益智遊戲，探討的卻是一種應用範圍相當廣泛的解題技巧。學生們在接觸了這些問題後，心裡面常會有的疑惑是：「這是數學嗎？」

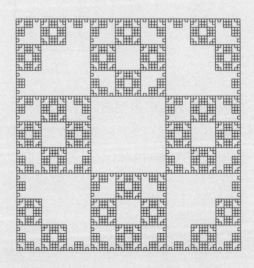

數學上有許多與棋盤（或形如棋盤的地板）有關的問題可以透過為棋盤上的每個小方格著色而被巧妙地解決，這類問題解題的關鍵常在於如何為小方格塗上適當的顏色；本文將透過幾個例子來說明關於著色的一些基本技巧。

房間的巡視

某建築物有一個入口及一個出口，內部包含了 $6 \times 6 = 36$ 個小房間，每兩個相鄰（即有共同邊）的房間之間都有門可以相通，如圖 13–1 所示：

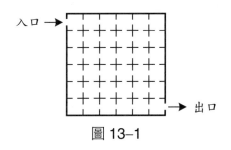

圖 13–1

某人想要由入口走到出口，而且所有 36 個房間的每一個房間都經過不多不少正好一次，他有可能辦得到嗎？

假設我們將圖 13–1 中的各個房間以黑白相間的方式著色如下：

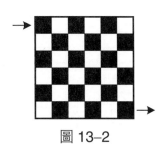

圖 13–2

圖 13–2 中，任意兩個相鄰的房間的顏色都相異，因此如果真的有一條路徑可以經過每個房間正好一次，這條路徑所經過的房間必定是黑白交替：

$$黑 \rightarrow 白 \rightarrow 黑 \rightarrow 白 \rightarrow \cdots\cdots$$

此路徑上的最後一個房間應該是什麼顏色呢？由於黑色房間與白色房間的個數相同（都是 18 間），這條路徑既然以黑色起頭，必定以白色結尾，但是上圖中位於出口處的房間卻是黑的，由此可知此人的目標是不可能達成的。

接下來的幾個問題都假設當我們要利用瓷磚「鋪滿」一塊地板時，瓷磚不可被切割，瓷磚之間不可重疊，瓷磚的總面積必須不多不少正好等於地板的面積。

 有缺格的地板

一塊大小為 7×7 的正方形地板很顯然無法用大小為 1×2 的瓷磚加以鋪滿，因為 49 不是 2 的倍數；如果我們將地板的某一個角落「切除」，剩下的地板（面積為 48）就可以用大小為 1×2 的瓷磚加以鋪滿了，例如圖 13–3：

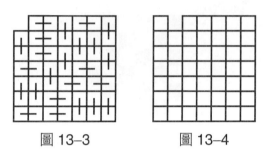

圖 13–3　　　　　圖 13–4

請問：如果被切除的小方格是位於與某個角落相鄰的位置（如圖 13–4），剩下的地板可不可以用大小為 1×2 的瓷磚加以鋪滿？

我們先用和前面的例子相同的方式為 7×7 的地板著色如下：

圖 13–5

圖 13–5 中，任意兩個相鄰的格子的顏色都是一黑一白，因此當一塊大小為 1×2 的瓷磚被擺放在某兩個格子上面，它所蓋住的兩個格子必定是一黑一白，所以任何能以 1×2 的瓷磚鋪滿的地板必定包含了相同數目的黑格與白格。

圖 13–5 的全部 49 個格子中，黑格有 25 格而白格有 24 格，拿掉任何一個白格將使得黑格與白格的個數差 2，由此可知拿掉任何一個白格（上述與角落相鄰的格子即為白格）後所剩下的地板是不可能可以被 1×2 的瓷磚鋪滿的。

　　如果拿掉的不是白格而是黑格呢？就個數而言，拿掉一個黑格將使得白格與黑格的個數一樣多；我們已經看過拿掉一個角落（顏色為黑色）後剩下的地板可以被 1×2 的瓷磚鋪滿，不過是否拿掉「任意」一個黑格後所剩下的地板一定能被 1×2 的瓷磚鋪滿呢？

　　答案是肯定的。圖 13–6 中的粗線將所有 49 個格子串在一起：

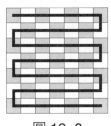

圖 13–6

　　由圖 13–6 中拿掉任意一個黑格將使得圖中的粗線斷成兩截，而且每一截所經過的黑格數與白格數將一樣多（因為每一截的兩個端點都是一黑一白）；很顯然只要將瓷磚順著圖中的粗線鋪就一定能將剩下的 48 個小格鋪滿了。

　　再看一個例子。以下我們將證明：如果我們拿掉一塊 8×8 地板（如圖 13–7）的任意兩個顏色相異的格子（不須相鄰），剩下的地板一定可以用 1×2 的瓷磚加以鋪滿。

圖 13–7

　　這個問題雖然看起來與 7×7 地板的情形相當類似,其實不盡相同;如果仿照前面的作法將所有的小格以一條粗線串在一起,那麼拿掉顏色相異的兩個格子後的粗線將斷成三段,雖然中段必定包含偶數個格子(為什麼?),不過頭尾兩段卻有可能各自包含著奇數個格子而無法分別用 1×2 的瓷磚順著粗線加以鋪滿;不過既然兩個奇數的和必為偶數,我們其實只要讓粗線的頭尾相接,那麼拿掉任意兩個顏色相異的格子後的粗線將分為兩段,而且每一段都將包含偶數個格子,因此就可以分別用 1×2 的瓷磚加以鋪滿了。

　　我們剩下的問題是:對一塊 8×8 的地板而言,是否存在著一條首尾相接而且經過每個格子正好一次的路徑呢?答案是肯定的,下面是兩個例子。

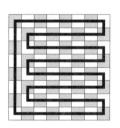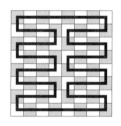

圖 13–8

 關鍵的瓷磚

　　一塊大小為 8×8 的地板可不可以用 21 塊 1×3 的瓷磚及一塊 1×1 的瓷磚加以鋪滿?

　　既然每一塊 1×3 的瓷磚都會蓋住三個小格,有了前面的經驗,我們很自然會想到此時應該利用三種顏色來為地板著色,希望使得

被一塊 1×3 的瓷磚蓋住的三個格子都一定具有不同的顏色；以下是兩種可能的著色方式：

圖 13–9

　　這兩個圖都各自包含了 21 個灰格、21 個白格及 22 個黑格；如果這塊地板真的能被 21 塊 1×3 及一塊 1×1 的瓷磚鋪滿，那塊 1×1 的瓷磚所蓋住的格子在這兩個圖中顯然都是黑色；在這兩個圖中顏色同時是黑色的格子只有以下四個：

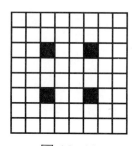

圖 13–10

因此 1×1 的瓷磚一定是被擺在圖 13–10 中的四個黑格之一。

　　由於對稱，以上四個位置基本上只有一個位置；一旦確定了 1×1 瓷磚的位置之後，要利用 1×3 瓷磚鋪滿其他 63 個小格就簡單

了；圖 13–11 是一種可能的鋪法。

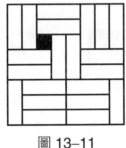

圖 13–11

俄羅斯方塊

由四個小方格總共可以組成以下五種瓷磚（假設瓷磚沒有正反面之分）：

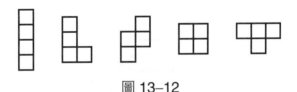

圖 13–12

考慮以下問題：由以上五種瓷磚各一塊（總共有 20 個小格）可不可以鋪滿一塊 4×5 的地板？

我們以黑白相間的方式將一塊 4×5 的地板著色如下：

圖 13–13

　　圖 13–13 包含了黑格與白格各 10 小格。如果我們也以相同的方式為題目中的五塊瓷磚著色，前四塊瓷磚的每一塊將各自包含兩個黑格與兩個白格，不過最後的 T 型瓷磚卻將有三個小格具有相同的顏色，因此這五塊瓷磚所含的黑格與白格的總數並不相等，不可能可以鋪滿一塊黑格與白格總數相等的地板。

 ## 棋盤上的漫遊

　　某人在一個形如棋盤的地板上行走，他的每一步可能是朝東西南北四個方向之一；如果是朝東或朝北的話每一步只走到相鄰的格子，如果是朝西或朝南的話每一步則會跳過一個格子，如圖 13–14 所示：

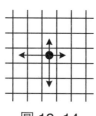

圖 13–14

　　以下我們將證明：他由任意一個格子出發後又走回到同一個格子時，所走的步數必是 3 的倍數。

　　首先將地板以三種顏色沿對角線著色如下：

圖 13-15

如果此人從某個灰格出發，不管他選擇往哪一個方向，第一步的落腳處一定是一個白格，再下一步一定是黑格，再下一步一定是灰格，如此周而復始，每走三步才會踩到一個灰格；因此當他回到最初的灰格時，所走的步數必是 3 的倍數。以其他顏色的格子作為出發點的情形也是類似的。

 棋盤上的石頭

將 33 顆石頭擺在一個 8×8 棋盤的任意 33 格中（每一格最多擺一顆石頭）。我們將證明：其中必可選出五顆石頭，這五顆石頭之中沒有任何兩顆石頭在同一行或同一列上。

想像棋盤是紙作的，將棋盤捲起來並將某兩條對邊黏在一起以形成如圖 13-16 的空心圓柱，然後用八種顏色為棋盤著色，每條「對角線」使用一種顏色。圖 13-16 的黑格顯示了其中的一條對角線：

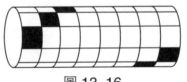

圖 13-16

　　既然有 33 顆石頭被擺在八條對角線上，根據鴿籠原理（鴿子：石頭，籠子：對角線），一定有某條對角線上被擺了至少 $\lceil 33/8 \rceil = 5$ 顆石頭；這五顆石頭中顯然沒有任何兩顆在原來的棋盤上是位於同一行或同一列上。

 ## 以列為單位著色

　　一塊 25×25 的地板可不可以用 2×2 及 3×3 等兩種類型的瓷磚混合加以鋪滿？

　　以列為單位，從黑色開始，由上而下以黑白相間的方式將地板著色如下：

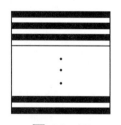

圖 13–17

　　圖 13–17 中，黑色的列數比白色的列數多一列，因此大小為 1×1 的黑格一定會比白格多 25 格。

　　一塊 2×2 的瓷磚在圖 13–17 中一定會蓋住兩個黑格及兩個白格，而一塊 3×3 的瓷磚所蓋住的黑格數與白格數一定差三格，因此由任意數量的 2×2 與 3×3 的瓷磚混合所蓋住的地板的黑格總數與白格總數之差一定是 3 的倍數，然而 25 卻不是 3 的倍數，由此可知

一塊 25×25 的地板不可能可以用 2×2 及 3×3 兩種瓷磚混合加以鋪滿。

再看一個例子。以下我們將證明：當 m 與 n 都不是 k 的倍數時，一塊 $m \times n$ 的地板不可能可以用 $1 \times k$ 的瓷磚加以鋪滿。

我們以每 k 列為單位，用由黑至白的 k 種深淺不同的顏色為地板著色，每一列使用一種顏色：

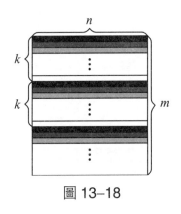

圖 13–18

由於 m 不是 k 的倍數，圖 13–18 中黑色的列數一定會比白色的列數多一列；如果圖中大小為 1×1 的黑格與白格的總數分別為 B 與 W，那麼 B 一定會等於 $W + n$。

每塊 $1 \times k$ 的瓷磚在地板上有橫放與直放兩種擺放方式。如果是橫放，瓷磚將蓋住 k 個相同顏色的格子；如果是直放，瓷磚將蓋住 k 個顏色各不相同的格子（其中有黑格與白格各一格）；由此可知如果此地板可以被 $1 \times k$ 的瓷磚鋪滿的話，B 與 W 的差應該是 k 的倍數，這與前面的 $B = W + n$ 相抵觸。因此當 m 與 n 都不是 k 的倍數時，一塊 $m \times n$ 的地板不可能可以用 $1 \times k$ 的瓷磚加以鋪滿。

不一樣的畫筆

一塊 8×8 的地板可不可以用一塊 2×2 的瓷磚及任意數目的以下兩種瓷磚（可以混合使用）加以鋪滿？

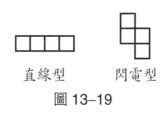

直線型　　　閃電型

圖 13-19

我們用較「粗」的畫筆沿 8×8 地板的對角線方向著色如下：

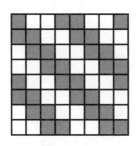

圖 13-20

圖 13-20 包含了灰格與白格各 32 小格。由圖中不難看出，一塊直線型的瓷磚不管被擺在什麼位置，它一定會蓋住兩個灰格及兩個白格，而一塊閃電型的瓷磚則可能蓋住四個灰格，或是四個白格，或是兩個灰格及兩個白格；因此由任意數量的直線型與閃電型瓷磚混合所蓋住的地板的灰格總數與白格總數一定都是偶數。

另一方面，一塊 2×2 的瓷磚在圖 13-20 中將蓋住三個白格與

一個灰格或是三個灰格與一個白格，所蓋住的灰格數與白格數都是奇數，因此一塊 2×2 的瓷磚與任意數量的直線型與閃電型瓷磚所共同蓋住的地板的灰白兩色的格子總數一定都是奇數，由這些瓷磚不可能可以鋪滿一塊灰格與白格各有 32 格的地板。

不能互相取代的瓷磚

某塊長方形地板原先可以用 2×2 及 1×4 等兩種類型的瓷磚混合加以鋪滿，以下我們將證明：如果將其中一塊瓷磚拿走，以一塊另一型的瓷磚取代，即使所有瓷磚都能重新安排位置，此地板將不再能被這些瓷磚鋪滿。

首先，以黑白兩色將地板著色如下：

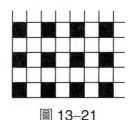

圖 13–21

圖 13–21 中，任何一塊 1×4 的瓷磚一定會蓋住 0 或 2 個黑格，而一塊 2×2 的瓷磚一定會蓋住 1 個黑格；由於兩種瓷磚所蓋住的黑格個數不同，我們立即推知不可能可以用某塊瓷磚來取代一塊另一型的瓷磚。

以上許多觀念除了適用於二維平面外，其實也可以推廣到三度空間。以下是一個三度空間中的例子。

磚塊與立方體

一個 $6 \times 6 \times 6$ 的正立方體可不可以由 27 個 $1 \times 2 \times 4$ 的小長方體堆砌而成？

想像 $6 \times 6 \times 6$ 正立方體是由 27 個 $2 \times 2 \times 2$ 的小正立方體組成；以灰白相間的方式為這 27 個小正立方體著色如圖 13–23：

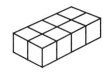

圖 13–22　$1 \times 2 \times 4$ 長方體

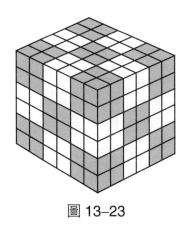

圖 13–23

一個 $1 \times 2 \times 4$ 的長方體含有 8 個 $1 \times 1 \times 1$ 的小立方體，不管如何擺放，在圖 13–23 中都將涵蓋灰色與白色的小立方體各 4 個，然而圖 13–23 的 $6 \times 6 \times 6$ 正立方體中灰色與白色小立方體的個數並不是一樣多（灰色比白色多 8 個），因此不可能可以用 $1 \times 2 \times 4$ 的小長方體加以填滿。

 結語

由小方格組成的「瓷磚」在術語上統稱為 polyomino；只包含一個小方格的瓷磚稱為 monomino，由兩個小方格組成的瓷磚稱為 domino，由三個小方格組成的瓷磚稱為 tromino（有直線型與 L 型等兩種），由四個小方格組成的瓷磚稱為 tetromino（有五種，即本文的「俄羅斯方塊」），由五個小方格組成的瓷磚則稱為 pentomino，有以下 12 種：

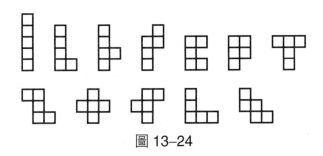

圖 13–24

如果 a_n 代表由 n 個小方格總共可組成多少種瓷磚，那麼數列 $a_1, a_2, a_3, \cdots$ 的最前面幾項依序為 1, 1, 2, 5, 12, 35, $\cdots$；目前學術界還無法以通式或甚至遞迴的方式來定義此數列。

與瓷磚的鋪設相關的研究可算是屬於「趣味數學」（recreational mathematics）的範疇，其中有許多問題不僅有趣而且不涉及太艱深的理論，所需的只是解題的靈感及基本的推理能力，是相當「老少咸宜」的休閒良伴。

練習題

1. 一塊 7×7 的地板上是否存在一條經過每個格子正好一次而且首尾相接的路徑?

2. 當 $n>3$ 且 n 不是 3 的倍數,一塊 $n×n$ 的地板是否一定可以用一塊 1×1 及一些 1×3 的瓷磚加以鋪滿?

3. 對一塊 $n×n$ 的地板而言:(1)如果此地板可以用如圖 13–25 左的 T 型瓷磚加以鋪滿,n 須滿足什麼條件? (2)如果此地板可以用如圖 13–25 右的 L 型瓷磚加以鋪滿,n 須滿足什麼條件?

圖 13–25

4. 試證: 一塊 10×10 的地板不可能可以用 25 塊上題中的 L 型瓷磚加以鋪滿。

5. 有 25 個學生站在一塊 5×5 的地板上,每個小方格裡站著一個學生。請問: 有沒有可能在老師一聲令下之後,每位學生都移往一個與原來所站的格子相鄰的格子?(假設每個格子只能容納一人)

6. 假設我們定義一個「邊長為 n 的立方殼」為一個邊長為 n 的立方體被挖掉中心的一個邊長為 $n-2$ 的立方體後剩下的部分。試證: 一個邊長為 n 的立方殼可用 $(n^3-(n-2)^3)/2$ 塊大小為 1×1×2 的磚塊砌成若且唯若 n 是偶數。

Life is a school of probability.

Walter Bagehot

To us probability is the very guide of life.

Bishop Butler

The excitement that a gambler feels when making a bet is equal to the amount he might win times the probability of winning it.

Blaise Pascal

Amusement is one of humankind's strongest motivating forces. Although mathematicians sometimes belittle a colleague's work by calling it "recreational" mathematics, much serious mathematics has come out of recreational problems, which test mathematical logic and reveal mathematical truths.

Ivars Peterson, *Islands of Truth*

14

Graph與益智問題

　　圖論近年來因為所探討的問題有趣而且應用範圍廣泛而受到重視。本篇將透過幾個益智問題來介紹一些和 graph 有關的基本概念。

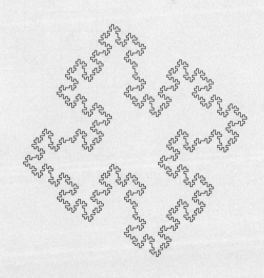

「圖論」（Graph Theory，或稱「圖形理論」）是數學的一個分支，專門研究 graph 的性質以及與 graph 相關的問題，在許多科學領域都有重要的應用。本文將透過幾個可以利用 graph 解題的益智問題來為讀者介紹 graph 的一些基本概念。

騎士問題

西洋棋裡的「騎士」(knight) 在棋盤上的移動方式類似於象棋裡的「馬」，其每一步可看成是從一個 2×3（或 3×2）的長方形的一角跳到相對的另一角（不須考慮象棋中拐馬腳的情形）。以圖 14–1 中的黑馬為例，它的下一步有八個可能的位置（圖中畫叉之處）：

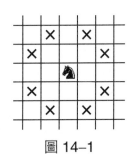

圖 14–1

假設在某個 3×3 的棋盤上擺著如圖 14–2 的兩匹黑馬及兩匹白馬，請問：如何能將這四匹馬移成如圖 14–3 的情形？

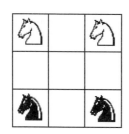

圖 14-2   圖 14-3

如果我們將棋盤上的九個格子由 1 至 9 編號，並在每個格子的
內部畫一個黑點，而當某兩個格子位於一個 2×3（或 3×2）的長方
形的對角時就將這兩個格子內的黑點用一條線段連起來，那麼全部
畫完後將得此圖：

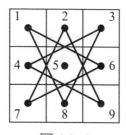

圖 14-4

圖 14-4 中的點及線明確地表達了在 3×3 的棋盤上的騎士所
有可能的移動；既然如此，我們已經不需要棋盤了：

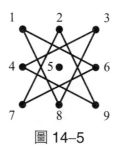

圖 14-5

　　如果我們將圖 14-5 的每個黑點想像成是一顆小球（例如乒乓球），將點與點之間的連接線想像成是由橡皮或彈簧做成的繩子（柔軟而可伸縮），那麼經由移動球與繩子的位置我們可以將上圖調整成如圖 14-6：

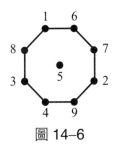

圖 14-6

雖然新圖看起來與原來的圖很不一樣，但是點與點之間如何連接的關係其實並沒有改變（例如 1 號球還是連到 6 號球與 8 號球等）。讀者不難看出，如此一來，原來的棋盤上一個騎士的一步就相當於在圖 14-6 的圓圈周圍由某個點往順時鐘或是逆時鐘方向移到相鄰的另一個點。

　　題目中的四個騎士（四匹馬）一開始在圓圈中的位置為

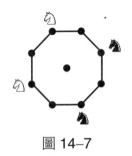

圖 14-7

由於棋盤上的每個格子最多只能擺一顆棋子，因此圖 14-7 中的四

匹馬在圓圈周圍不論如何移動都不可能有兩匹馬可以「錯身而過」，
不可能有一匹黑馬可以跑到兩匹白馬之間，然而題目卻希望將這四
匹馬在圓圈周圍的順序移成如圖 14–8 的黑白相間：

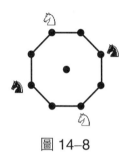

圖 14–8

這顯然根本不可能辦到。

 ## Graph 的基本概念

　　上面的解題過程中，我們利用一個由點和線構成的圖形來表明
棋子可能的移動，這類圖形在數學上稱為「圖」(graphs)。構成一個
graph 的基本要素為「點」(vertices，單數為 vertex) 和「線」(edges)，
其中的每條線都連接著兩個點。

　　請讀者注意本文的 graph 與一般我們在坐標平面上所畫的函數
圖形有很大的不同；坐標平面上的每個點有一定的位置（由其坐標
決定），但是對本文中的點和線而言，點及線的位置和形狀都不重要，
點與點之間如何連接才是重點。舉例來說，以下三個 graph 看起來
雖然不一樣，它們其實是同一個 graph 的三種畫法（只是「球」和
「繩子」的位置擺得不一樣而已）：

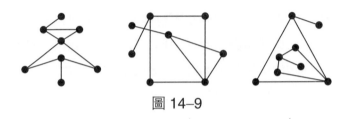

圖 14–9

　　數學上常用「同構」(isomorphic) 來形容這種看起來似乎不同但其實結構相同的圖形。

　　以下我們繼續看幾個利用 graph 解題的例子。

 翻硬幣問題

　　假設每枚硬幣都有 A 與 B 兩面。如果桌面上平放著七枚全都以 A 面朝上的硬幣，而每翻面「一次」可將其中任意五枚硬幣翻面，請問：要讓七枚硬幣全都改以 B 面朝上，最少須翻面幾次？

　　就 A 面朝上的硬幣個數而言，這個題目相當於是問由「七個 A」變成「零個 A」最少須翻面幾次。我們從七個 A 的情形開始考慮；經過翻面一次之後有可能變成幾個 A 呢？很明顯，結果一定是兩個 A；如果再翻面一次呢？除了可能又會回到七個 A 的狀態外，還有其他兩種可能：

$$AA\underline{BBBBB} \to AAAAAAA \quad 七個 A$$
$$AAB\underline{BBBB} \to ABAAAAB \quad 五個 A$$
$$\underline{AABBB}BB \to BBAAABB \quad 三個 A$$

　　我們可以用 graph 來表達這種翻面前後狀態的轉變。由於 A 的個數總共有由 0 至 7 等八種可能，我們的 graph 中包含了八個點，

每個點對應到一個可能的 A 值。由於七個 A 的下個狀態一定是兩個 A，我們在 graph 中由代表七個 A 的點畫線連到代表兩個 A 的點；由於兩個 A 的下個狀態除了七個 A 外還可能是五個 A 或三個 A，我們由代表兩個 A 的點又分別畫線連到代表五個 A 及三個 A 的點。依此類推，對其他點我們也作類似的考慮，畫完後可得如下的 graph：

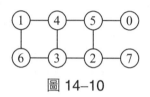

圖 14–10

由圖 14–10 可明顯看出，由七個 A 到零個 A 的作法有很多種，其中翻面次數最少的作法須翻三次 ($7 \rightarrow 2 \rightarrow 5 \rightarrow 0$)，例如：

$$AAAAAAA \rightarrow BBBBBAA$$
$$\rightarrow AAAABBA$$
$$\rightarrow BBBBBBB$$

由圖 14–10 我們還可輕易地讀出許多相關的資訊，例如由六個 A 到五個 A 最少也是須翻三次，而且有三種不同的翻法：(1) $6 \rightarrow 3 \rightarrow 2 \rightarrow 5$ (2) $6 \rightarrow 3 \rightarrow 4 \rightarrow 5$ (3) $6 \rightarrow 1 \rightarrow 4 \rightarrow 5$。此外，由一個 A 到七個 A 最少須翻四次，由零個 A 到六個 A 最少也是須翻四次等。

渡河問題

某個樵夫帶著一匹狼、一隻羊、一顆大白菜想要由某條河的西岸渡河到東岸，他的交通工具是一艘很小的船，船上除了樵夫之外

只能再容納狼、羊、白菜三者之一。已知如果樵夫沒有在旁邊監視而讓狼與羊單獨在一起的話，羊將會被狼吃掉，而如果讓羊與白菜單獨在一起的話，白菜會被羊吃掉。請問：這位樵夫應如何往來於兩岸之間即可用最少的搬運次數將狼、羊、白菜三者全都平安地運抵東岸？

　　這個問題乍看之下雖然和 graph 無關，卻不難由 graph 找出解決之道。在搬運過程中，狼、羊、白菜三樣東西的所在位置持續地在改變；如同前面的翻硬幣問題一樣，我們可以用 graph 來記錄各狀態之間的關係。如果我們用 0 代表西岸，用 1 代表東岸，那麼狼、羊、白菜三樣東西的位置可以依序用三個 0 或 1 來表示，例如 $(1, 1, 0)$ 代表狼與羊在東岸而白菜在西岸，而 $(1, 0, 1)$ 則代表狼在東岸，羊在西岸，而白菜在東岸。一開始時狼、羊、白菜都在西岸，因此一開始的狀態為 $(0, 0, 0)$，樵夫的目標則是 $(1, 1, 1)$。

　　由於每個數字都有 0 與 1 兩種可能的值，因此三個數字總共可排出 $2^3 = 8$ 種可能的狀態，以下我們將利用一個 graph 中的八個點來表示這八種狀態。

　　樵夫第一趟渡河可能運送狼、羊、白菜三者之一過河，因此 $(0, 0, 0)$ 的下一個狀態必為 $(1, 0, 0), (0, 1, 0), (0, 0, 1)$ 之一，不過如果再考慮羊不能被狼吃掉及白菜不能被羊吃掉的話，$(0, 0, 0)$ 的下一個狀態只能是 $(0, 1, 0)$；我們在 graph 中由代表 $(0, 0, 0)$ 的點畫一條線連到代表 $(0, 1, 0)$ 的點以表示這兩個狀態之間只需渡河一次。依此類推，對其他七個點我們也都可以分別考慮它們可以連到哪些點，畫完後可得如下 graph：

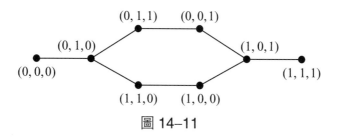

圖 14–11

樵夫的目標是由狀態 $(0, 0, 0)$ 變成 $(1, 1, 1)$，觀察圖 14–11 不難得知搬運次數最少的作法有兩種，這兩種作法都需搬運五次（不過實際渡河次數為七次）；圖 14–12 顯示了最好的兩種作法之一：

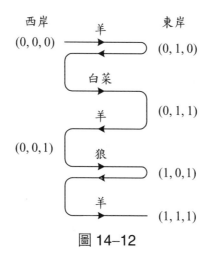

圖 14–12

河內塔問題

在一般化的河內塔問題中，有編號 1、2、3 等三根木樁矗立於平面上，其中的 1 號木樁由上而下套著由小而大 n 個大小相異的圓

環（n 為任意正整數）；我們想要將這 n 個圓環由 1 號木樁移到 3 號
木樁，不過一次只能搬動一個圓環，而且任何時刻任何一根木樁上
的圓環都不能有大環疊在小環上的情形；此問題希望找出最好的搬
法及所需的搬動次數（越少越好）。

　　這個問題雖然有較好的解決方式（見第 8 篇），不過在此讓我們
嘗試用 graph 來解決。以 n = 3 的情形為例，此時有小、中、大三個
圓環；我們可以利用三個數字來表示搬動過程中每個圓環所在的位
置，例如 (1, 1, 2) 表示小環及中環在 1 號木樁上而大環在 2 號木樁
上。利用這種表示方式，對三個圓環的任意一種分布狀態，我們都
能列出再搬一個圓環後有哪些可能的狀態；例如由 (2, 1, 2) 再搬一
個圓環後的狀態一定是 (1, 1, 2), (3, 1, 2), (2, 3, 2) 三者之一：

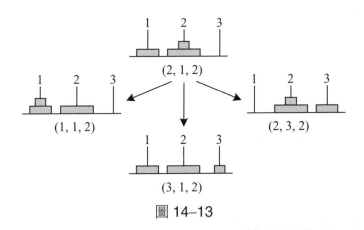

圖 14–13

　　由於每個圓環都有 1、2、3 等三種可能的位置，因此三個圓環
總共可排出 $3^3 = 27$ 種可能的狀態，我們可以利用一個 graph 中的 27
個點來表示這 27 種狀態。在這個 graph 中，我們由 (2, 1, 2) 畫三條
線分別連到 (1, 1, 2), (3, 1, 2), (2, 3, 2) 以表示這些狀態是 (2, 1, 2) 的

下個可能的狀態。依此類推，對其他點我們也都分別考慮它們可以連到哪些點；經過適當地安排點及線的位置，我們可以將完成後的 graph 畫成如下的三角形圖案：

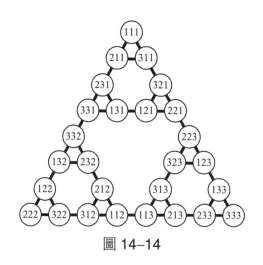

圖 14–14

我們的目標是由狀態 $(1, 1, 1)$ 變成 $(3, 3, 3)$，觀察圖 14–14 可知作法有很多種，其中最好的方法是由大三角形的頂點順著右邊的腰一路而下，總共須搬七次：

$$111 \to 311 \to 321 \to 221 \to 223 \to 123 \to 133 \to 333$$

圖 14–14 有一些性質值得我們注意：大三角形含有與本身很像的三個較小的三角形（隱含著「遞迴」的概念），而且任意兩個小三角形之間都有且僅有一條線相連：

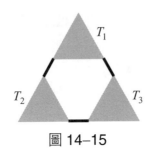

圖 14–15

　　我們先看這類圖形為什麼會具有遞迴的性質。大三角形的 27 個
點對應到三個圓環在三根木樁上的所有可能的分布狀態；如果我們
讓最大的圓環固定在 1 號木樁上，剩下的兩個圓環在三根木樁間將
只剩下 $3^2 = 9$ 種可能的狀態；圖 14–15 中的小三角形 T_1 所含的九個
點就對應到這九種狀態（由這些狀態都以 1 結尾可知）：

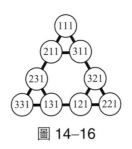

圖 14–16

　　如果我們忽略每個狀態結尾的 1，這個由九個點組成的三角形
正是河內塔問題在 $n = 2$ 時的 graph。同理，圖 14–15 中的小三角形
T_2 及 T_3 分別對應到最大的圓環被固定在 2 號木樁及 3 號木樁上的
情形；這類圖形為何會具有遞迴的性質因此就不難理解了，因為對
任意正整數 k，三個 $n = k$ 的 graph（再加上三條線）必可組成一個
$n = k + 1$ 的 graph：

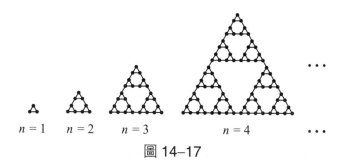

圖 14–17

由圖 14–17 我們還可清楚地看出，如果 a_n 是解決圓環個數為 n 的河內塔問題所需的最少搬動次數，那麼數列 $a_1, a_2, a_3, \cdots$ 一定會滿足遞迴關係 $a_{n+1} = 2a_n + 1$。

接著我們看為什麼任意兩個小三角形之間都有且僅有一條線相連；還是以 $n = 3$ 的情形為例。三個圓環的狀態會由某個小三角形的一點跳到另一個小三角形的一點顯然只有當所搬動的圓環是最大的圓環時才會發生，而在搬動最大的圓環當時，中環及小環必定是被整齊地擺在另一根木樁上；在全部 27 個點中只有以下六個點符合這種要求：112, 113, 221, 223, 331, 332，因此除了連接這六個點的三條線之外，不可能有其他線的兩個端點分別屬於不同的兩個小三角形。

結語

西諺云：「一張圖抵得過千言萬語」(A picture is worth a thousand words.)，說明了人類對圖形的感受能力較文字來得直接而敏銳。就某些數學問題而言，如果能將已知或是解題過程中推知的資訊畫成 graph，常能讓我們從中看出解題的關鍵。

本文的河內塔問題中，當圓環數 n 趨於無窮大，所對應的 graph 將類似於圖 14–18 由無窮多個三角形疊成的圖案：

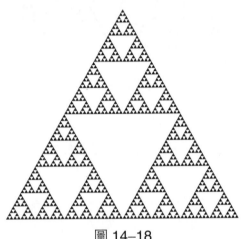

圖 14–18

這是一個相當有名的碎形，稱為 Sierpinski gasket 或 Sierpinski triangle，因波蘭數學家 Waclaw Sierpinski (1882–1969) 而得名。除了河內塔問題外，數學上還有許多方式也可以產生類似的圖案。

對某些領域的科學家及工程師而言，graph theory 所提供的理論及演算法可以用來解決每天面臨的許多實際問題，特別是其應用範圍相當廣泛，除了適用於一些原本就明顯和 graph 有關的問題外，許多表面上看起來和 graph 全然無關的問題也常可轉化成 graph 的問題來解決；因此與數學的某些較抽象的領域比起來，graph theory 算是相當「有用」的一個領域（雖然這種實用性未必是數學家追求的目標）。

數學問題類型繁多，需要各種不同的解題技巧；graph 讓我們在

面對問題時多了一種思考的方向，建議您不妨將它納入您的「解題工具箱」中。

 練習題

1. 本文的騎士問題中，如果要將圖 14–19 移成圖 14–20：

   (1)最少需要幾步？ (2)如果移動一顆棋子「一次」可以包含該顆棋子連續好幾步的移動，那麼達成目標最少需要移動棋子幾次？

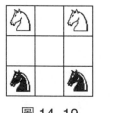 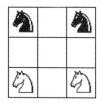

圖 14–19　　　圖 14–20

2. 請在 40 步以內將圖 14–21 的 A、B、C、D 分別與 a、b、c、d 互換。

圖 14–21

3. 本文的渡河問題中，如果除了狼、羊、白菜之外，樵夫還想帶一隻怪獸渡河，這隻怪獸在樵夫不在時會將狼吃掉（不過當狼與白

菜在一起時，白菜的氣味會使得怪獸失去吃狼的胃口）。如果船上除了樵夫外還是只能再搭載一樣東西，那麼樵夫要將這四樣東西全都平安地運抵東岸最少須搬運幾次？

4. 本文的河內塔問題中，如果圓環數為 n，所畫出來的 graph 中將有幾條線？

5. 某天，張先生和張太太邀請另外四對夫婦來家裡聚餐，大家見面時互相握手寒暄了一番（同一對夫婦間不互相握手）。餐後，張先生詢問其他九人每人剛才各和幾個人握過手，結果他得到了九個不同的答案。請問：張太太剛才和幾個人握過手？

6. 在圖 14–22 的某個點上擺一顆小石頭，然後讓石頭順著與該點相連的兩條線的其中一條滑到另一點上並停住（例如：將石頭擺在7 然後讓石頭滑到 2 或 3）；接著將第二顆石頭擺在某個空著的點上，然後同樣讓它順著一條線滑到另一個空著的點並停住；你希望利用這種方式將石頭一顆一顆擺到圖上，總共要擺八顆，這個目標如何能達成？

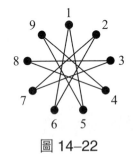

圖 14–22

15

不一樣的鴿籠原理

　　鴿籠原理除了一般常見的離散的版本外，也可以有連續的版本；概念同樣淺顯，也同樣可以有令人意想不到的應用。

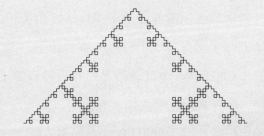

「鴿籠原理」(Pigeonhole Principle) 又稱為「抽屜原理」(Drawer Principle 或 Box Principle)，在數學上常被用來證明某些東西存在的必然性，是組合數學中相當重要的一個主題，其原理本身可簡單敘述如下：

當 k 個籠子裡總共裝著 n 隻鴿子，其中一定有某個籠子中的鴿子數不小於 $\lceil n/k \rceil$。

其中的 $\lceil \ \rceil$ 是數學上的 ceiling function 慣用的記號，此函數可將一個實數對應到一個整數；對任意實數 a，$\lceil a \rceil$ 的值為所有大於或等於 a 的整數中最小的整數，如 $\lceil 3.2 \rceil = 4, \lceil 5 \rceil = 5, \lceil -3.2 \rceil = -3$ 等。對任意實數 a，不等式 $\lceil a \rceil < a + 1$ 恆成立。

鴿籠原理不難由歸謬證法加以證明：如果每個籠子中的鴿子數都小於 $\lceil n/k \rceil$（也就是小於或等於 $\lceil n/k \rceil - 1$），那麼全部 k 個籠子中的鴿子總數最多只有 $k(\lceil n/k \rceil - 1)$ 隻，而

$$k\left(\left\lceil \frac{n}{k} \right\rceil - 1\right) < k\left(\left(\frac{n}{k} + 1\right) - 1\right) = n$$

與已知總共有 n 隻鴿子的事實不符。

舉例來說，當 6 隻鴿子飛進了 5 個籠子，根據鴿籠原理，一定有某個籠子裡有至少 $\lceil 6/5 \rceil = 2$ 隻鴿子，因為如果每個籠子中的鴿子數都小於兩隻(也就是最多只有一隻)，鴿子的總數不可能是 6 隻。同理，在任意 100 個人中，我們可以肯定至少會有 $\lceil 100/12 \rceil = 9$ 個人的生日是在同一個月份,因為如果一年 12 個月的每個月出生的人數都小於 9 人（也就是最多 8 人），總人數最多只有 $8 \times 12 = 96$ 人，

不可能為 100 人。

　　鴿籠原理雖然看似簡單而理所當然，卻可以用來解決許多不簡單的問題。我們在第 1 篇曾經介紹了鴿籠原理的一些較典型的應用；本篇中，讀者將看到鴿籠原理的幾個奇特的應用。

 ## 未被覆蓋的圓周

　　當平面上的兩個圓相交於兩點，我們稱它們的圓周彼此都有一部分被對方「蓋」住了；例如圖 15–1 的四個圓中，位於中央的圓的圓周完全被其他三個圓蓋住了：

圖 15–1

　　假設平面上有 n 個大小相等的圓，其中沒有任何兩個圓重合。以下我們將證明：這 n 個圓當中必存在某個圓，其圓周沒有被其他圓蓋住的部分至少占了它的整個圓周的 $1/n$。

　　想像我們拉一條繩子以最短的繩長將所有 n 個圓由外圍圈起來，如圖 15–2 所示：

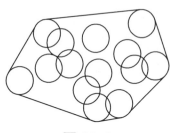

圖 15–2

繩子所形成的曲線在數學上稱為這些圓的 convex hull。由圖 15–2 不難看出，此曲線是由一些弧線與直線連接而成，弧線的部分也就是繩子「轉彎」的部分；圖 15–2 中的曲線共在六個地方轉彎。如果我們忽略直線，單看弧線部分的話，所有的弧線顯然正好連成了一個完整的圓，因此，所有弧線的總長必定正好等於一個圓的周長。

由於繩子總共圍住了 n 個圓，因此繩子轉彎的地方最多有 n 個，而這些弧線的總長等於一個圓的周長，根據鴿籠原理（鴿子：一個圓的周長，籠子：轉彎的個數），必定存在某個轉彎處其弧長至少是一個圓的圓周的 $1/n$（如果每個轉彎處的弧長都小於一個圓的 $1/n$，所有弧線的總長將小於 $n(1/n) = 1$ 個圓的圓周，與已知事實不符）。

由於與繩子接觸的弧線是整個區域最外圍的部分，不會被任何其他圓蓋住，因此必定存在某個圓其圓周沒有被其他圓蓋住的部分至少占了該圓圓周的 $1/n$。

 ## 地毯的鋪設

某個面積為三坪的房間地板上平鋪著五張形狀不規則且每張面

積皆為一坪的地毯，以下我們將證明：其中必有某兩張地毯重疊了至少 1/5 坪。

由於總共有五張面積各為一坪的地毯，如果所有地毯之間都互不重疊，它們將蓋住正好五坪的面積；然而房間只有三坪，因此地毯之間重疊的面積至少有 5 − 3 = 2 坪。

五張地毯的任意兩張之間都可能有重疊，因此最多可能有 $C(5, 2) = 10$ 個「兩兩之間」的重疊；這些重疊的面積至少有兩坪，根據鴿籠原理（鴿子：兩坪，籠子：兩兩之間的重疊數），我們推知必定有某兩張地毯重疊了至少 2/10 = 1/5 坪。

這個問題還可用歸謬證法來解決：假設任意兩張地毯之間重疊的面積都小於 1/5 坪；想像將地毯一張一張鋪到地板上，第一張地毯當然蓋住了滿滿 1 坪的地板；第二張地毯由於與第一張重疊的面積小於 1/5 坪，因此未與第一張地毯重疊的面積一定大於 4/5 坪；第三張地毯由於與前兩張重疊的面積都小於 1/5 坪，因此未與前兩張重疊的部分一定大於 3/5 坪；依此類推，五張地毯全部鋪到地板上後，所蓋住的地板面積一定大於

$$\frac{5}{5} + \frac{4}{5} + \frac{3}{5} + \frac{2}{5} + \frac{1}{5} = \frac{15}{5} = 3$$

坪，這與已知房間地板只有三坪的事實不符，因此一開始的假設是錯的，這些地毯中必有某兩張地毯重疊了至少 1/5 坪。

正方形中的圓

平面上一個邊長為 1 的正方形內任意散布著一些大大小小的圓，已知這些圓的圓周總長為 10。以下我們將證明：平面上存在著

一條與這些圓中的至少四個圓相交的直線。

　　想像每個圓經由光線的照射被投影到正方形的一邊，如圖 15–3 所示：

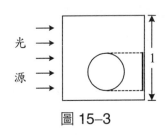

光

源

1

圖 15–3

　　一個周長為 $2\pi r$ 的圓經投影後所得的線段長度為 $2r$，因此所有位於正方形內部的圓經投影後所得的所有線段總長為 $10/\pi \approx 3.18$；由於這些總長約為 3.18 的線段全都落於長度為 1 的正方形的一邊上，根據鴿籠原理（鴿子：總長約為 3.18 的線段，籠子：正方形的一邊），在正方形的邊上必定存在某個點，投影於此點上的線段有至少 $\lceil 3.18/1 \rceil = 4$ 條；因此，必有某束光線（直線）穿越了至少四個圓。

正方形中的線段

　　平面上一個邊長為 1 的正方形內任意散布著一些長短不一的線段，已知這些線段的總長大於 $2n$（n 為正整數）。以下我們將證明：平面上存在著一條與這些線段交於至少 $n+1$ 個點的直線。

　　想像正方形內的某條線段 s 經由如圖 15–4 兩個方向的光線照射而分別被投影到正方形的兩條邊上：

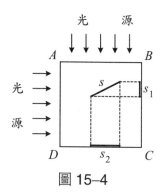

圖 15–4

　　由於任意三角形的兩邊之和必大於第三邊，因此 $s_1 + s_2 > s$。如果我們將正方形內所有線段的總長記作 $\sum s$，將所有線段經光線照射後落於 $\overline{BC}$ 上的投影的總長記作 $\sum s_1$，將所有線段落於 $\overline{CD}$ 上的投影的總長記作 $\sum s_2$，那麼

$$\sum s_1 + \sum s_2 > \sum s > 2n$$

根據鴿籠原理，$\sum s_1$ 與 $\sum s_2$ 這兩數中至少會有一個數大於 n。

　　如果 $\sum s_1 > n$，再次根據鴿籠原理（鴿子：$\sum s_1$，籠子：$\overline{BC}$），在 $\overline{BC}$ 上必定存在某個點，投影於此點上的線段至少有 $n+1$ 條；此時必有某束光線（直線）穿越了至少 $n+1$ 條正方形內的線段。

　　如果 $\sum s_2 > n$，情況顯然類似。

被覆蓋的格子點

　　坐標平面上 x 坐標與 y 坐標皆為整數的點稱為「格子點」(lattice points)。假設 R 為坐標平面上任意一塊面積大於 n 的區域（n 為正整數），以下我們將證明：不論 R 位於何處，經由平移一定能將 R 移至

某個位置使得 R 蓋住了平面上的至少 $n+1$ 個格子點。

　　想像 R 所在的平面是一張白紙,而且 R 的內部被塗成了紅色:

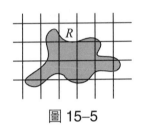

圖 15–5

　　以小刀沿著水平(與 x 軸平行)及鉛直(與 y 軸平行)方向切割平面,將紙割成一個一個邊長皆為 1 的小正方格;有些小正方格由於原來位於 R 的內部以致整個格子都是紅色,有些小正方格可能只有一部分是紅色,有些小正方格則整個格子都是白色。

　　將格子內部有任何紅色部分的小正方格全部收集起來堆成一疊,形成一個底面積為 1 的立方體,而且每個小正方格在移動過程中都僅做平移而不予旋轉或翻轉。由於 R 的面積大於 n,根據鴿籠原理(鴿子: R 的面積,籠子:立方體的底面積),我們必能將一根針由上而下貫穿立方體的某處使得此針穿過了至少 $n+1$ 個紅色的點(如圖 15–6)。

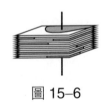

圖 15–6

　　接著我們將針拔出,將每個小正方格平移放回原來在平面上的

位置，重新組成平面上的 R，然後再透過平移將 R 移至平面上的某處使得剛才被針穿過的任何一個紅點與平面上的任何一個格子點重合。由於所有被針穿過的點都位於小正方格中相同的位置，因此只要有一個被針穿過的點與平面上的某個格子點重合，所有其他被針穿過的點也必定正好都落在格子點上，此時的 R 一定蓋住了至少 $n+1$ 個格子點。

被覆蓋的點

A 是平面上一個外徑為 3 且內徑為 2 的環形區域（如圖 15–7），C 則是一個半徑為 16 的圓，在 C 的內部任意散布著 650 個點，其中沒有任何兩個點重合（如圖 15–8）。以下我們將證明：不論 C 中的 650 個點如何分布，A 一定能被移到 C 中的某處使得 A 蓋住了 650 個點中的至少 10 個點。

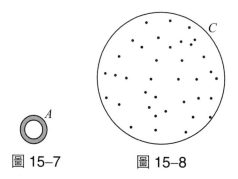

圖 15–7　　　圖 15–8

想像 C 中的 650 個點的每個點都是一個如 A 的環形區域的中心；在這 650 個環形區域中，有些可能會超出圓 C 的範圍，不過所

有的 650 個環形區域一定都位於半徑為 19（即 16 + 3）的圓 D 的內部：

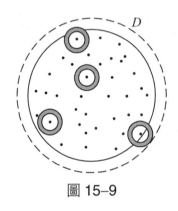

D

圖 15–9

　　所有 650 個環形區域的面積總和為 $650 \cdot \pi \cdot (3^2 - 2^2) = 3250\pi$，圓 D 的面積則是 $19^2\pi = 361\pi$，根據鴿籠原理（鴿子：3250π，籠子：361π），圓 D 內部必有某個點被至少 $\lceil 3250\pi/361\pi \rceil = 10$ 個環形區域蓋住；既然這個點離蓋住它的環形區域（至少有 10 個）的中心的距離都介於 2 與 3 之間，如果我們將 A 的中心移到這個點上，A 將能同時蓋住至少 10 個環形區域的中心，也就是說，A 將能同時蓋住當初的 650 個點中的至少 10 個點。

結語

　　利用鴿籠原理解題時，最大的難關常是在設法找到適當的「鴿子」和「籠子」；一旦找到了，許多問題即可迎刃而解。

　　本篇幾個例子的特殊之處除了它們都是與幾何圖形有關的問題

外，最大的特點是它們所用的鴿籠原理可以說是「連續」(continuous)
的版本；與一般常見可用鴿籠原理解決的問題不同，這裡的鴿子或
籠子可能不是一隻一隻或是一個一個可以數得出來的。以下是幾個
更直接的例子：

1. 如果將 64.8 公克的水全部倒入四個杯子中，那麼一定有某個杯子
   裝著不少於 $64.8/4 = 16.2$ 公克的水。（籠子為整數而鴿子不是整
   數）

2. 如果將 17 發截面積皆為 2.2 平方公分的子彈全部打在面積為 7.8
   平方公分的靶紙上，那麼這張靶紙上一定有某個地方被至少
   $\lceil 17 \times 2.2/7.8 \rceil = 5$ 顆子彈穿過。（鴿子為整數而籠子不是整數）

3. 如果某座模型小山的體積為 92.25 立方公分，底面積為 12.3 平方
   公分，那麼這座小山的高度一定不會低於 $92.25/12.3 = 7.5$ 公分。
   （鴿子與籠子都不是整數）

　　看了這些例子，讀者不難體認概念上的鴿子或籠子的數量在某
些情況下其實只要是數值就好了，不一定非要是整數不可；這個觀
念雖然簡單，但是就像鴿籠原理本身一樣，初看並不起眼，卻常能
小兵立大功，時有令人意想不到的妙用。

練習題

1. 假設 S 為坐標平面上任意一塊面積小於 1 的區域，試證：不論 S
   位於何處，經由平移一定能將 S 移至某個位置使得 S 未蓋住平面
   上的任何一個格子點。

2. 空間中的某處散布著數個大小相等的球形光源，其中有些光源的

表面上有部分面積由於背對著其他光源以致接受不到任何其他光源的照射。如果我們將每個光源的表面上無法接受其他光源照射的面積相加，所得是否一定等於一個球形光源的表面積？

3. 一個 20×25 的長方形內散布著 120 個邊長皆為 1 的小正方形。試證：在這個長方形內一定還能擺得下一個直徑為 1 且不與任何小正方形相交的圓。

4. 某個半徑為 1 的球面上散布著一些弧線，每條弧線都是大圓的一部分，而且這些弧線的總長小於 π。試證：此球面上存在著一個不與任何弧線相交的大圓。

圖 15-10

（本文原刊載於《科學教育月刊》第 265 期，原文已作部分修改）

16 神奇的數字 9

　　數論是數學的一個分支，專門研究整
數的性質。本書接下來的幾篇文章都和數
論有關；我們就從數字 9 的幾個性質談起。

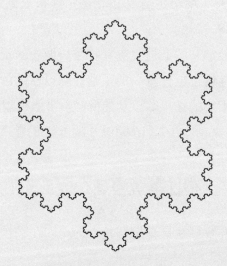

下面的式子中，A 代表著某一個阿拉伯數字，請於一分鐘內，在不能使用計算機的條件下，設法求出 A 的值：

$$386A5961 = (3 \times (2066 + A))^2$$

　　一個不可能的任務？不！只要懂得應用我們在小學學過的一些關於整數的性質，A 的值真的可以很快被求出。我們在小學都學過，要判斷一個整數是否是 9 的倍數，只要將該數的每個位數相加，所得的結果如果是 9 的倍數，原來的數就一定是 9 的倍數。舉例來說，要判斷 57132 是不是 9 的倍數，我們只需計算 $5 + 7 + 1 + 3 + 2 = 18$，由於 18 是 9 的倍數，因此 57132 一定是 9 的倍數。請讀者再回頭想想，這個性質對解決我們一開始的問題有沒有幫助呢？

　　答案當然是肯定的，因為上式的等號右邊可以被 9 整除，因此等號左邊的數一定是 9 的倍數，也就是說，$3 + 8 + 6 + A + 5 + 9 + 6 + 1 = 38 + A$ 必定是 9 的倍數；如果上式是對的，那麼 A 一定等於 $45 - 38 = 7$。

　　數字 9 的上述性質其實是一個更廣泛的性質的特例，這個更廣泛的性質是：任意一個正整數除以 9 的餘數必定會等於該數的各個位數相加的結果除以 9 的餘數。舉例來說，385 除以 9 的餘數為 7，而 $3 + 8 + 5 = 16$，16 除以 9 的餘數也是 7。

為什麼會這樣？

　　要解釋 9 具有這個特性的原因，必須對整數的某些性質有基本的瞭解。

　　對任意整數 a 與 b 和正整數 m，如果 a 除以 m 的餘數等於 b 除

以 m 的餘數（也就是說，$a - b$ 是 m 的倍數），數學上常將 a, b, m 之間的關係記作

$$a \equiv b \pmod{m}$$

其中的 m 稱為「模」（modulus），而上式讀作「a 和 b 對模 m 而言同餘」。舉例來說，40 和 6 對模 17 而言同餘（因為 $40 - 6 = 34$ 是 17 的倍數），而 -40 和 20 對模 12 而言同餘（因為 $-40 - 20 = -60$ 是 12 的倍數）。

本書的第 21 篇對「同餘」將有較詳細的討論，我們在這裡先介紹一個基本的性質：如果 a 和 b 對模 m 而言同餘，c 和 d 對模 m 而言也同餘，那麼 $a + c$ 和 $b + d$、$a - c$ 和 $b - d$、$a \times c$ 和 $b \times d$ 對模 m 而言一定分別都同餘；即

$$\begin{cases} a \equiv b \pmod{m} \\ c \equiv d \pmod{m} \end{cases} \Rightarrow \begin{cases} a + c \equiv b + d \pmod{m} \\ a - c \equiv b - d \pmod{m} \\ a \times c \equiv b \times d \pmod{m} \end{cases}$$

舉例來說，

$$59 \equiv 3 \pmod{8}$$
$$87 \equiv 7 \pmod{8}$$

而對模 8 而言，$59 + 87 = 146$ 和 $3 + 7 = 10$ 的確同餘（$146 - 10 = 136$ 是 8 的倍數）。再舉個例子，如果我們想知道 $48 \times 75 \times 94$ 除以 7 的餘數是多少，我們並不需要真的將此三數的乘積算出，我們只需將此三數分別除以 7 的餘數相乘再除以 7 取餘數即可很快算出餘數為 6：

$$48 \times 75 \times 94 \equiv 6 \times 5 \times 3 \equiv 90 \equiv 6 \pmod{7}$$

有了以上認識，數字 9 的特殊性質就不難解釋了。首先，我們

知道 10 和 1 對模 9 而言同餘，由此可推得

$$10^2 \equiv 10 \cdot 10 \equiv 1 \cdot 1 \equiv 1 \ (\mathrm{mod}\ 9)$$

$$10^3 \equiv 10 \cdot 10^2 \equiv 1 \cdot 1 \equiv 1 \ (\mathrm{mod}\ 9)$$

$$10^4 \equiv 10 \cdot 10^3 \equiv 1 \cdot 1 \equiv 1 \ (\mathrm{mod}\ 9)$$

$$\vdots$$

因此對任意非負整數 y，10^y 和 1 對模 9 而言一定同餘；而對任意非負整數 a，$a \cdot 10^y$ 和 a 對模 9 而言一定同餘。

任意一個正整數 $z = (a_n a_{n-1} \cdots a_2 a_1 a_0)_{10}$ 都可以表為 10 的冪級數：

$$z = a_0 + a_1 \cdot 10 + a_2 \cdot 10^2 + \cdots + a_n \cdot 10^n$$

我們已經知道對模 9 而言，

$$a_0 \equiv a_0$$

$$a_1 \cdot 10^1 \equiv a_1$$

$$a_2 \cdot 10^2 \equiv a_2$$

$$\vdots \qquad \vdots$$

$$a_n \cdot 10^n \equiv a_n$$

將以上各式相加得

$$z \equiv a_0 + a_1 + a_2 + \cdots + a_n$$

因此 z 和 $a_0 + a_1 + a_2 + \cdots + a_n$ 對模 9 而言同餘，也就是說，z 除以 9 的餘數與將 z 的各個位數相加的結果除以 9 的餘數一定相等，這就是我們熟悉的性質。

在電腦還不普遍的年代，數字 9 的這個特性提供了常需做數字計算的人員一個相當便捷的檢查計算結果的方法。舉例來說，如果

我們需要計算 135273 + 261909 + 522044 的和：

$$
\begin{array}{r}
135273 \\
261909 \\
+\,522044 \\
\hline
919226
\end{array}
$$

在算出結果後我們可以透過將三個數分別除以 9 的餘數相加來驗證上面的計算的正確性；對模 9 而言：

$$
\begin{array}{r}
135273 \equiv 3 \\
261909 \equiv 0 \\
+\,522044 \equiv 8 \\
\hline
919226 \equiv 2
\end{array}
$$

由於 $3+0+8 \equiv 2$，因此增強了我們對 919226 是正確答案的信心。

再以乘法為例：

$$
\begin{array}{r}
5327 \equiv 8 \\
\times\quad 659 \equiv 2 \\
\hline
47943 \\
26635 \\
31962 \\
\hline
3510493 \equiv 7
\end{array}
$$

由於 $8 \times 2 \equiv 7$，因此相乘的結果 3510493 有可能是對的。

當然，計算結果能通過這樣的檢查並不保證結果就一定正確，但是如果通不過的話就肯定有問題了；因此這種檢查讓我們只花少量而簡單的計算就能為計算結果的正確性加上一層保障，相當「划算」。

幾個有趣的表

下表雖然一眼看來非常奇怪，不過如果您仔細檢驗，會發覺這些關係確實存在：

$$1 \times 9 + 2 = 11$$
$$12 \times 9 + 3 = 111$$
$$123 \times 9 + 4 = 1111$$
$$1234 \times 9 + 5 = 11111$$
$$12345 \times 9 + 6 = 111111$$
$$123456 \times 9 + 7 = 1111111$$
$$1234567 \times 9 + 8 = 11111111$$
$$12345678 \times 9 + 9 = 111111111$$
$$123456789 \times 9 + 10 = 1111111111$$

為什麼會這樣？如果您將整數以 10 的冪級數表示就清楚了。舉例來說，上表的第 n 列的等號左邊相當於

$$(1 \cdot 10^{n-1} + 2 \cdot 10^{n-2} + 3 \cdot 10^{n-3} + \cdots + n \cdot 10^{n-n}) \times (10 - 1) + (n + 1)$$

經過乘開及化簡後，上式等於

$$10^n + 10^{n-1} + 10^{n-2} + \cdots + 10 + 1 = \frac{10^{n+1} - 1}{9}$$

由此可知表中的等號右邊為什麼會是一個全部由數字 1 所組成的 $n + 1$ 位數。

以下是另一個有趣的表：

$$9 \times 9 + 7 = 88$$
$$98 \times 9 + 6 = 888$$
$$987 \times 9 + 5 = 8888$$
$$9876 \times 9 + 4 = 88888$$
$$98765 \times 9 + 3 = 888888$$
$$987654 \times 9 + 2 = 8888888$$
$$9876543 \times 9 + 1 = 88888888$$
$$98765432 \times 9 + 0 = 888888888$$

理由同樣簡單。上表等號左邊的一般式為

$$(9 \cdot 10^{n-1} + 8 \cdot 10^{n-2} + 7 \cdot 10^{n-3} + \cdots + (10 - n)) \times (10 - 1) + (8 - n)$$

經過乘開及化簡後，上式等於

$$9 \cdot 10^n - (10^{n-1} + 10^{n-2} + \cdots + 10 + 1) - 1 = \frac{8(10^{n+1} - 1)}{9}$$

由於 $(10^{n+1} - 1)/9$ 是完全由數字 1 組成的數，上表的等號右邊因此是完全由數字 8 組成的數。

再看另一個有趣的表：

$$12345679 \times \ \ 9 = 111111111$$
$$12345679 \times 18 = 222222222$$
$$12345679 \times 27 = 333333333$$
$$12345679 \times 36 = 444444444$$
$$12345679 \times 45 = 555555555$$
$$12345679 \times 54 = 666666666$$
$$12345679 \times 63 = 777777777$$
$$12345679 \times 72 = 888888888$$
$$12345679 \times 81 = 999999999$$

上表中的 12345679（請注意此數並沒有用到 8）等於 $(10^9 - 1)/81$，因此當此數乘上一個 9 的倍數（例如 $9K$），結果將是

$$\frac{10^9 - 1}{81} \times 9K = \frac{10^9 - 1}{9} \times K = K \times 111111111$$

看了以上三個表，如果您覺得還不過癮的話，請自己試試看能否找出下表中的規律是什麼道理：

$$1 \times 8 + 1 = 9$$
$$12 \times 8 + 2 = 98$$
$$123 \times 8 + 3 = 987$$
$$1234 \times 8 + 4 = 9876$$
$$12345 \times 8 + 5 = 98765$$
$$123456 \times 8 + 6 = 987654$$
$$1234567 \times 8 + 7 = 9876543$$
$$12345678 \times 8 + 8 = 98765432$$
$$123456789 \times 8 + 9 = 987654321$$

心裡有數

許多與數字有關的魔術和謎題都是根據數字 9 的特殊性質發展而來；以下我們來看幾個「魔術」。

一、猜中被拿掉的數字

請你的一位朋友在一張紙上隨意寫下一個位數至少有三位的整數，這個數是多少只有他自己知道；然後請他告訴你這個數除以 9 的餘數是多少，接著請他將紙上的數的某個不是 0 的數字拿掉（如：8435 拿掉 4 得 835），然後將剩下的數除以 9 的餘數告訴你，這時候

你馬上可以指出被他拿掉的阿拉伯數字是多少。

　　你的作法是將你的朋友告訴你的兩個數相減。如果他告訴你的前一個數比後一個數大，被拿掉的阿拉伯數字就是前數減去後數的結果。如果前數比後數小，被拿掉的阿拉伯數字就是前數減去後數的結果再加 9。如果前數與後數相等，被拿掉的阿拉伯數字就是 9。

　　舉例來說，如果原來的數除以 9 的餘數為 7 而被拿掉一個數字後除以 9 的餘數為 2，那麼被拿掉的數字一定是 $7 - 2 = 5$；如果原數除以 9 餘 2 而被拿掉一個數字後除以 9 的餘數為 7，那麼被拿掉的數字一定是 $2 - 7 + 9 = 4$（-5 和 4 對模 9 而言同餘）。

　　讀者應當不難看出其中的道理，因為任何一個正整數除以 9 的餘數都等於該數的各個位數相加的結果除以 9 的餘數，因此某數被拿掉一個數字之前與之後除以 9 的餘數當然與被拿掉的數字有非常直接的關係。

二、猜中兩數的差

　　請你的朋友在心中想好一個三位數，此三位數的個位數和百位數不能相同，然後請他將該數與將該數前後翻轉所得的新數相減(大數減去小數，如：$613 - 316 = 297$)，然後告訴你相減結果的個位數是多少，這時候你馬上能指出相減結果的十位數和百位數各是多少。

　　其中的道理亦不難。首先，將一個三位數前後翻轉其實就是將個位數與百位數對調，因此翻轉之前與之後的兩個數的十位數會是同一個數字。另一方面，既然是大數減去小數，大數的百位數比小數的百位數大，因此大數的個位數一定比小數的個位數小，相減時個位數必須向十位數借位，因此，相減結果的十位數可以肯定一定是 9。

　　由於任何一個整數除以 9 的餘數都等於該數的各個位數相加的結果除以 9 的餘數，而一個整數前後翻轉所得的新數的各個位數相加的結果與原數相比並不會改變，因此翻轉之前與之後的兩個數除以 9 的餘數一定相同，由此可知兩數相減的結果一定是 9 的倍數，也就是說，相減所得的數的各個位數相加的結果一定會是 9 的倍數。

　　既然相減的結果的十位數已經知道是 9，個位數與百位數相加必定會等於 9；由於個位數已被告知，因此只要將 9 減去個位數就得到百位數了。

　　以下是另一個相關的魔術：請你的朋友任意選擇一個由三個不同的阿拉伯數字組成的三位數（例如 214），然後請他將此數的三個阿拉伯數字依由小而大及由大而小的順序重新排列以得出兩個三位數（例如由 214 得 124 與 421），接著將這兩個三位數相減（大數減去小數），然後對所得的三位數重複剛才的動作（數字重新排序、大數減去小數等）直到數字不再變化為止；我掐指一算已經知道這個不再變化的三位數是多少了，你相信嗎？

心算大師

　　下面的「心算大考驗」可以讓你的朋友對你的心算能力刮目相看。首先，請你的朋友隨意在一張白紙上寫下一個三位數，例如 593，然後你在他所寫的數的右邊（不要緊鄰著）也寫下一個一模一樣的數，如下所示：

593　　　　　　593

接著你請他在左邊的數的下方再隨意寫下另一個三位數，例如 358，

這時你在右邊的數的下方也立即寫下一個三位數 641：

$$593 \qquad 593$$
$$358 \qquad 641$$

接著比賽正式開始，你們比賽看誰能先算出左邊的兩數的乘積與右邊的兩數的乘積的和；在你的朋友正準備開始計算時，你已提起筆來不費吹灰之力地寫出了正確答案：592407。

　　你的作法是當對方選了 358 後，你所選的數 641（這是整個過程中唯一一個由你決定的數）為 358 的「九的補數」，也就是 999－358 的值，這個數很容易心算，因為它的百位數、十位數、個位數與 3、5、8 相加的結果分別都是 9。

　　選好了 641 後，你已經可以馬上寫出答案了。首先你先寫下 593減 1 的結果（即 592），緊接著你再寫下 592 的九的補數，也就是 407，得正確答案 592407。

　　相信您不難自行找出上述作法可行的原因。

（本文原刊載於《科學教育月刊》第 246 期，原文已作部分修改）

I read in the proof sheets of Hardy on Ramanujan: "As someone said, each of the positive integers was one of his personal friends." My reaction was, "I wonder who said that; I wish I had." In the next proof-sheets I read (what now stands), "It was Littlewood who said..."

J. E. Littlewood, *A Mathematician's Miscellany*

God exists since mathematics is consistent, and the Devil exists since we cannot prove it.

Andre Weil

A mathematician who is not also something of a poet will never be a complete mathematician.

Karl Weierstrass

17

最大公因數

給您兩個正整數，您知道如何求出它
們的最大公因數嗎？沒錯，這個問題可能
連小學生都會。本篇的主題是最大公因數，
我們將探討一些「小學沒教的事」。

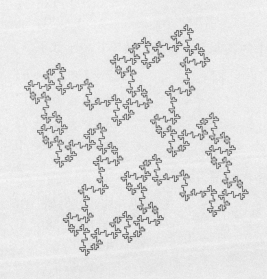

　　某天，小明帶著兩個空桶子到河邊提水，兩個桶子上都沒有刻度，不過容量已知分別為 15 公升和 27 公升；小明想要取得不多不少正好 6 公升的河水，他該怎麼做？

歐幾里得演算法

　　以上所述是一個與最大公因數（greatest common divisor，簡稱 g.c.d.）有關的問題。我們在小學學過，任意兩個正整數的最大公因數可以利用「輾轉相除法」求得。舉例來說，以下所示為以輾轉相除法求出 477 與 138 的最大公因數（等於 3）的過程：

$$
\begin{array}{r|r|r|l}
3 & 477 & 138 & 2 \\
  & 414 & 126 & \\
\hline
5 & 63 & 12 & 4 \\
  & 60 & 12 & \\
\hline
  & 3 & 0 & \\
\end{array}
$$

其中的各個階段可以用數學式表示如下：

$$477 = 3 \times 138 + 63$$
$$138 = 2 \times 63 + 12$$
$$63 = 5 \times 12 + 3$$
$$12 = 4 \times 3 + 0$$

或者再換個方式：

階段	被除數	除數	餘數	商
1	477	138	63	3
2	138	63	12	2
3	63	12	3	5
4	12	3	0	4

　　由上表很明顯可以看出，除了第一個階段外，其他各階段的被除數與除數分別是來自前一個階段的除數與餘數，而當某個階段的餘數為 0 時整個計算即告結束，而且該階段的除數就是原來的兩數的最大公因數。為什麼會這樣呢？

　　對任意正整數 a 與 b，如果我們將 a 除以 b 的商及餘數分別記作 q 及 r（餘數 r 的值須滿足 $0 \leq r < b$），也就是

$$a = q \cdot b + r$$

那麼不難證明，a 與 b 的最大公因數會等於 b 與 r 的最大公因數。要證明這個性質可依下列三個步驟來完成：

⑴說明 a 與 b 的公因數必是 r 的因數。

⑵說明 b 與 r 的公因數必是 a 的因數。

⑶由以上⑴與⑵可知 a 與 b 所有的公因數和 b 與 r 所有的公因數相同，因此 a 與 b 和 b 與 r 有相同的「最大」公因數。

　　以前面的例子為例，如果我們將 a 與 b 的最大公因數記作 $\gcd(a, b)$，那麼前面的運算過程其實是持續地在簡化用來求最大公因數的兩個整數：

$$\begin{aligned}
\gcd(477, 138) &= \gcd(138, 63) \\
&= \gcd(63, 12) \\
&= \gcd(12, 3) \\
&= 3
\end{aligned}$$

　　一般而言，對任意正整數 a 與 b，我們可以將輾轉相除法的各個階段以數學式表示：

$$a = q_1 \cdot b + r_1 \quad (0 < r_1 < b)$$
$$b = q_2 \cdot r_1 + r_2 \quad (0 < r_2 < r_1)$$

$$r_1 = q_3 \cdot r_2 + r_3 \quad (0 < r_3 < r_2)$$
$$r_2 = q_4 \cdot r_3 + r_4 \quad (0 < r_4 < r_3)$$
$$\vdots$$

並且讓計算一直持續到餘數為 0 為止。經由審視各階段的餘數間的大小關係，我們發覺必然會在某個階段出現餘數為 0 的情形，因為除了最後一個階段以外，各階段的餘數都是正數而且越來越小：

$$b > r_1 > r_2 > r_3 > r_4 > \cdots > 0$$

因此頂多經過 b 個階段，必定會出現餘數為 0 的情形：

$$\vdots$$
$$r_{n-2} = q_n \cdot r_{n-1} + r_n \quad (0 < r_n < r_{n-1})$$
$$r_{n-1} = q_{n+1} \cdot r_n$$

這時候我們就知道 a 與 b 的最大公因數為 r_n，也就是當餘數為 0 時的除數，亦即這一系列計算中的最後一個大於 0 的餘數，因為

$$\gcd(a, b) = \gcd(b, r_1) = \gcd(r_1, r_2) = \gcd(r_2, r_3) = \cdots = \gcd(r_{n-1}, r_n) = r_n$$

上述作法一般認為是由西元前三世紀的希臘大數學家歐幾里得 (Euclid) 發明的，因此常被稱為歐幾里得演算法 (Euclidean algorithm)，其運算步驟可以用下面的遞迴演算法簡潔地表達：

```
GCD(a, b)
    if b = 0
        return a
    else
        return GCD(b, a mod b)
```

其中的 mod 是取餘數的運算，$a \bmod b$ 的結果為 a 除以 b 的餘數。

歐幾里得演算法的應用

㈠將 a/b 表為連分數

歐幾里得演算法可以用來將兩個正整數相除的結果表為連分數（continued fraction），也就是形如

$$a_0 + \cfrac{1}{a_1 + \cfrac{1}{a_2 + \cfrac{1}{a_3 + \cdots}}}$$

的分數，其中除了 a_0 之外，所有的 a_n 都是正整數。以我們前面看過的求 gcd(477, 138) 的例子為例，477/138 的值不難被表為連分數：

$$\frac{477}{138} = 3 + \frac{63}{138} \qquad = 3 + \cfrac{1}{\cfrac{138}{63}} \qquad = 3 + \cfrac{1}{2 + \cfrac{12}{63}}$$

$$= 3 + \cfrac{1}{2 + \cfrac{1}{\cfrac{63}{12}}} \qquad = 3 + \cfrac{1}{2 + \cfrac{1}{5 + \cfrac{3}{12}}} \qquad = 3 + \cfrac{1}{2 + \cfrac{1}{5 + \cfrac{1}{\cfrac{12}{3}}}}$$

$$= 3 + \cfrac{1}{2 + \cfrac{1}{5 + \cfrac{1}{4}}}$$

很明顯，最後結果的整數部分 $a_0, a_1, a_2, a_3, \cdots$（此例中的 3、2、5、4）正好是歐幾里得演算法的計算過程中各階段的商。

連分數的用途之一是用來作為兩數相除結果的近似值。以 477/138（分子與分母約掉公因數 3 後成為 159/46）為例，在以上將其表為連分數的過程中，如果我們在各階段將還沒算完的部分捨

棄，可分別得到一個 159/46 的「近似值」：

階段	近似值
1	3
2	$3 + \dfrac{1}{2} = \dfrac{7}{2}$
3	$3 + \dfrac{1}{2 + \dfrac{1}{5}} = \dfrac{38}{11}$
4	$3 + \dfrac{1}{2 + \dfrac{1}{5 + \dfrac{1}{4}}} = \dfrac{159}{46}$

其中，

$$3 < \frac{159}{46}$$

$$\frac{7}{2} > \frac{159}{46}$$

$$\frac{38}{11} < \frac{159}{46}$$

$$\frac{159}{46} = \frac{159}{46}$$

　　一般而言，第一個階段的近似值會比實際值小，第二個階段的近似值會比實際值大，第三個階段的近似值又較小，第四個階段的近似值又較大，……，與實際值相比，大小關係是交替的，所有奇數階段都比實際值小，偶數階段都比實際值大，直到最後一個階段才與實際值相等。因此，以 159/46 為例，如果我們想要取一個比實際值稍大且數字較簡單的值來作為近似值，可以取 7/2（誤差約為 1.3%），而如果想要取一個比實際值小的近似值，可以取 38/11（誤差約為 0.057%）。

(二)求 $ax+by=c$ 的整數解

歐幾里得演算法的另一個應用是可以求得形如 $ax + by = c$ 的方程式的整數解，其中的 a、b、c 都是已知的正整數而 x 與 y 為未知整數；這類方程式在數學上稱為 linear Diophantine equation（Diophantus 為西元三世紀的希臘數學家，一般譯為丟番圖）；當它有解時，必有無窮多組解，不過也可能沒有任何整數解。

在說明如何求整數解之前，讓我們先看一個相關的性質：如果 $d = \gcd(a, b)$，那麼方程式 $ax + by = d$ 必定存在整數解，也就是說，d 必可表示成 a 與 b 的線性組合 (linear combination)。歐幾里得演算法可以幫助我們很容易地找到 $ax + by = d$ 的一組解；而有了一組解後，再找其他解就不難了。

用我們前面曾經看過的 $3 = \gcd(477, 138)$ 為例，上面的性質是說 $477x + 138y = 3$ 一定有整數解。我們在前面曾經將求 477 與 138 的最大公因數的各個階段以數學式表示；如果我們將各式的餘數寫在等號左邊，其他項移到等號右邊，將得

$$63 = 477 - 3 \cdot 138$$
$$12 = 138 - 2 \cdot 63$$
$$3 = 63 - 5 \cdot 12$$

前面提過，歐幾里得演算法的計算過程是在將數字持續簡化，而我們現在要做的工作則是相反，是要由最大公因數 3 開始「反推」回去，讓數字由簡單而複雜，直到能將 3 用最初的 477 與 138 表示為止：

$$3 = 63 - 5 \cdot 12$$
$$= 63 - 5 \cdot (138 - 2 \cdot 63)$$
$$= 11 \cdot 63 - 5 \cdot 138$$
$$= 11 \cdot (477 - 3 \cdot 138) - 5 \cdot 138$$
$$= 11 \cdot 477 - 38 \cdot 138$$

至此我們找到了方程式 $477x + 138y = 3$ 的一組整數解：$x_0 = 11$ 及 $y_0 = -38$，或者寫為 $(x_0, y_0) = (11, -38)$。

　　接下來要怎麼找出其他整數解呢? 假設 (x_1, y_1) 是任意另外一組解，由於

$$\begin{cases} ax_1 + by_1 = d \\ ax_0 + by_0 = d \end{cases}$$

兩式相減，得

$$a(x_1 - x_0) + b(y_1 - y_0) = 0$$

因此 $(x_1 - x_0, y_1 - y_0)$ 必為 $ax + by = 0$ 的解；又由於方程式 $ax + by = 0$ 的解必可寫為

$$x = \frac{b}{d}n, \quad y = \frac{-a}{d}n$$

（n 為任意整數），因此我們可以讓

$$x_1 - x_0 = \frac{b}{d}n, \quad y_1 - y_0 = \frac{-a}{d}n$$

而得

$$x_1 = x_0 + \frac{b}{d}n, \quad y_1 = y_0 - \frac{a}{d}n$$

因此方程式 $ax + by = d$ 的一般解為

$$x = x_0 + \frac{b}{d}n, \quad y = y_0 - \frac{a}{d}n$$

而方程式 $477x + 138y = 3$ 的一般解為 $(x, y) = (11 + 46n, -38 - 159n)$。

　　接著我們回到原來的方程式 $ax + by = c$。假設 $d = \gcd(a, b)$，由於 $ax + by$ 為 d 的倍數，因此 c 也會是 d 的倍數，否則 $ax + by = c$ 不可能有整數解。另一方面，是不是只要 c 是 d 的倍數，$ax + by = c$ 就一定有整數解呢？答案是肯定的，因為如果 (x_0, y_0) 是 $ax + by = d$ 的一組解，而且 c 是 d 的 m 倍 $(c = md)$，則由 $ax_0 + by_0 = d$ 可得 $a(mx_0) + b(my_0) = c$，因此 (mx_0, my_0) 一定是 $ax + by = c$ 的一組解。

　　我們有了以下結論：$ax + by = c$ 有整數解「若且唯若」c 是 d 的整數倍，而如果 $c = md$ 且 (x_0, y_0) 是 $ax + by = d$ 的一組解，那麼 $ax + by = c$的一般解為

$$x = mx_0 + \frac{b}{d}n, \; y = my_0 - \frac{a}{d}n$$

例如 $477x + 138y = 9$ 的一般解為 $(x, y) = (33 + 46n, -114 - 159n)$。

歐幾里得演算法的擴充

　　由已知的 a 與 b 想求得方程式 $ax + by = d$ (d 等於 $\gcd(a, b)$) 的一組解，除了前述分為兩個階段（先由歐幾里得演算法求出 d，再由 d 反推回 a 與 b）的方法外，其實只要將歐幾里得演算法稍作修改，我們不難讓求最大公因數與求解可以同時進行，使得在求出最大公因數的同時也求得了 $ax + by = d$ 的一組解。

　　一開始，我們先寫下如下兩個恆等式：
$$a = 1 \cdot a + 0 \cdot b$$
$$b = 0 \cdot a + 1 \cdot b$$

也就是將 a 和 b 分別用 a 與 b 表示，接著就如同一般歐幾里得演算法的步驟，設法經由兩式之間的算術運算使得等號左邊成為 a 與 b 的最大公因數；由於運算過程的每個階段等號左邊的數都被表為 a 與 b 的線性組合，因此當等號左邊為 a 與 b 的最大公因數時，自然就有了 $d = ax + by$ 的一組解。

舉例來說，假設 $a = 477, b = 138$，我們用下面兩個式子為起點：

$$477 = 1 \cdot 477 + 0 \cdot 138 \tag{1}$$

$$138 = 0 \cdot 477 + 1 \cdot 138 \tag{2}$$

由(1) $-3 \times$ (2)得

$$63 = 1 \cdot 477 - 3 \cdot 138 \tag{3}$$

由(2) $-2 \times$ (3)得

$$12 = -2 \cdot 477 + 7 \cdot 138 \tag{4}$$

由(3) $-5 \times$ (4)得

$$3 = 11 \cdot 477 - 38 \cdot 138 \tag{5}$$

等號左邊的 3 顯然是 12 的因數，因此 $\gcd(477, 138) = 3$，此時由(5)式的等號右邊可知 $(x, y) = (11, -38)$ 為方程式 $477x + 138y = 3$ 的一組解。

一個簡單的遊戲

以下是一個與最大公因數有關的遊戲，在教室裡很容易就可以進行。首先，老師先在黑板上寫下兩個正整數，然後請兩位同學上臺，輪流在黑板上寫下更多數字。每位同學每次所寫的數必須是當時黑板上的某兩個數的差（大數減去小數），而且不能與黑板上已有

的數重複。此遊戲一直持續到有一方無法寫出新數為止，此人就是遊戲的輸家。

如果某位參賽者有權決定遊戲是由自己或對方開始的話，他其實一定可以贏得這場遊戲；在往下看之前，請讀者想一想，他的致勝之道是什麼？

假設最初由老師提供的兩數為 a 與 b 且 a 大於 b，讀者不難看出，參賽的同學所寫下的每個數一定都是 $\gcd(a, b)$ 的倍數，而且隨著遊戲的進行，所有小於 a 的 $\gcd(a, b)$ 的倍數都能陸續出現在黑板上。因此，當 a 與 b 的值確定後，參賽的兩方總共會在黑板上寫下多少個數其實就已經確定了，總共有

$$\frac{a}{\gcd(a, b)} - 2$$

個數（減 2 是扣掉老師所寫的 a 與 b 兩數）。因此如果某位參賽者有權決定遊戲是由自己或對方開始的話，整場遊戲的輸贏當然已經在他的掌握之中。

結語

對任意正整數 a 與 b 而言，由於所有可以表為 $ax + by$ 的正整數一定是 $\gcd(a, b)$ 的倍數，因此 $\gcd(a, b)$ 其實是可以表為形如 $ax + by$ 的所有正整數中最小的整數，這可以看成是最大公因數的另一個定義。

最後我們來看本篇一開始小明所面臨的問題。經由河水在桶子間的倒進倒出，小明希望能剩下不多不少正好 6 公升的河水；這個問題相當於在求 $15x + 27y = 6$ 的整數解。由於 $\gcd(15, 27) = 3$ 而 6

是 3 的倍數，因此我們可以肯定此問題有解。首先由<u>歐幾里得</u>演算法求出最大公因數：

$$27 = 1 \cdot 15 + 12$$
$$15 = 1 \cdot 12 + 3$$
$$12 = 4 \cdot 3$$

再由最大公因數 3 反推回去：

$$3 = 15 - 12$$
$$= 15 - (27 - 15)$$
$$= 2 \cdot 15 - 27$$

我們得到 $15x + 27y = 3$ 的一組解 $(x, y) = (2, -1)$，因此 $15x + 27y = 3$ 的一般解為

$$(x, y) = (2 + 9n, -1 - 5n)$$

而 $15x + 27y = 6$ 的一般解為

$$(x, y) = (4 + 9n, -2 - 5n)$$

所以，小明有無窮多種作法來解決他所面臨的問題。以 $(x, y) = (4, -2)$ 為例，他可以這麼做：將容量為 15 公升的桶子裝滿河水 4 次，每當裝滿了就往容量為 27 公升的桶子裡倒，而每當容量 27 公升的桶子滿了就將桶中的河水倒回河中；在大桶子第二次被倒滿時，小桶子中的河水將不多不少正好是 6 公升。

練習題

1. 某人用 1000 元買了 100 隻雞。已知雞分成三種，公雞每隻 50 元，母雞每隻 30 元，而小雞每三隻才 10 元。請問此人總共買了公雞、母雞、小雞各幾隻？（請列出所有可能的組合）

2. 對任意兩個正整數 a 與 b 而言，如果 $ax + by = 2$ 有整數解，是否 $ax^2 + by^2 = 2$ 也一定有整數解？

3. 在所有小於 2004 的正整數中，會使得 $(n^2 + 7)/(n + 4)$ 不是最簡分數的正整數 n 有幾個？

（本文原刊載於《科學教育月刊》第 251 期，原文已作部分修改）

The theory of numbers is probably the only branch of mathematics where an inexperienced but curious and energetic pioneer may hope to discover something really original.

A. H. Beiler

Why are numbers beautiful? It's like asking why is Beethoven's Ninth Symphony beautiful. If you don't see why, someone can't tell you. I know numbers are beautiful. If they aren't beautiful, nothing is.

Paul Erdös

Mathematics is like checkers in being suitable for the young, not too difficult, amusing, and without peril to the state.

Plato

The chessboard is the world, the pieces are the phenomena of the universe, the rules of the game are what we call the laws of Nature.

Thomas Henry Huxley, *A Liberal Education*

18

數不盡的質數

一幢建築物可由磚塊一塊一塊堆砌而成，而任何一個大於 1 的整數都可由一些質數相乘而得。有趣的是，質數這種構成正整數的「磚塊」不僅大小變化極不規則，種類更是無窮無盡。

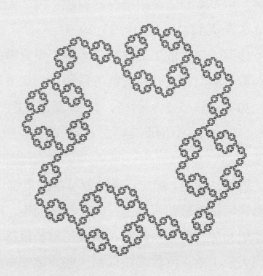

質數與合數

12 可以寫成兩個小於 12 的正整數相乘，如 $3\cdot4$ 或 $2\cdot6$ 等，而 7 卻無法寫成兩個小於 7 的正整數相乘。當一個正整數不能寫成比本身還小的兩個正整數相乘，我們稱此數為「質數」(prime number)；反之，如果某個正整數可以寫成兩個比本身還小的正整數相乘，也就是說，如果它除了 1 及本身之外還有其他的正因數，我們稱它為「合成數」或「合數」(composite number)；因此 7 是質數，而 12 是合數。

由於 1 的情況較特殊，數學上通常不將 1 歸類為質數，但是 1 當然也不是合數，因此最小的質數是 2，它是所有的質數中唯一的偶數，也是所有偶數中唯一的質數；由 2 開始的質數由小而大依序為 2, 3, 5, 7, 11, 13, 17, 19, 23, 29, 31, …。

任何一個大於 1 的整數若本身不是質數的話一定可以經由持續的因數分解而寫成一些質數的乘積，例如 $6 = 2\cdot3$ 而 2 與 3 都是質數，$30 = 5\cdot6 = 5\cdot2\cdot3$ 而 5、2、3 都是質數等；同樣地，$24 = 3\cdot8 = 3\cdot2\cdot4 = 3\cdot2\cdot2\cdot2$，因此 24 可以拆成四個質數相乘，其中有一個 3 及三個 2。

對加法而言，構成正整數最基本的單位只有一個，就是數字 1，因為任何正整數都可以由一些 1 相加而得，而 1 不能寫成另外兩個正整數相加。對乘法而言，構成正整數最基本的單位為質數，因為任何大於 1 的正整數都可以由一些質數相乘而得，而每個質數都不能寫成另外兩個正整數相乘。相較於加法時的基本單位只有一個，

乘法時的基本單位（也就是質數）有幾個呢?

質數的個數

　　正整數的個數有無窮多個，其中除了 1 以外，每個正整數若非質數即是合數，我們由此可以推斷（例如用鴿籠原理）在質數與合數這兩大類中至少會有一類包含了無窮多個數。合數的個數很顯然有無窮多個(例如所有 4 的倍數都是合數)，於是我們很自然地要問：質數的個數也有無窮多個嗎? 或者是有限的? 也就是說，是否存在著一個「最大的質數」，所有比此數大的整數都是合數? 早在西元前三世紀，希臘大數學家歐幾里得 (Euclid) 在他的名著《幾何原本》(*Elements*) 中對這個問題就提出了解答，他證明了質數的個數是無限的; 他的證明方式堪稱數學論證的經典之作，雖已歷經兩千多年仍不減其光芒。

歐幾里得的證明

　　基於對數字的了解，我們知道如果將 3 的任何一個倍數加 1，結果一定不會是 3 的倍數，例如 $7 = 3 \cdot 2 + 1$ 與 $16 = 3 \cdot 5 + 1$ 都不是 3 的倍數。同樣地，我們也可以肯定如果將 5 的任何一個倍數加 1，結果一定不會是 5 的倍數; 由此又可推知如果將 15 $(= 3 \cdot 5)$ 的任何一個倍數加 1，結果一定既不是 3 的倍數也不是 5 的倍數。有了以上概念後，我們接著看下面幾個式子:

$$2 \cdot 3 + 1 = 7$$
$$2 \cdot 3 \cdot 5 + 1 = 31$$
$$2 \cdot 3 \cdot 5 \cdot 7 + 1 = 211$$
$$2 \cdot 3 \cdot 5 \cdot 7 \cdot 11 + 1 = 2311$$
$$2 \cdot 3 \cdot 5 \cdot 7 \cdot 11 \cdot 13 + 1 = 30031$$

這些式子都是計算由 2 開始由小而大連續幾個質數相乘的結果再加 1 的值，因此每個式子等號右邊算出來的數一定不會是該式等號左邊所用到的任何一個質數的倍數；例如 31 一定不是 2 或 3 或 5 的倍數，而 2311 一定不是 2 或 3 或 5 或 7 或 11 的倍數等。

上面這些式子算出來的 7、31、211、2311 實際上都是質數，不過 30031 並不是質數。即使我們一下子看不出來 30031 除了 1 及本身之外還有哪些因數，我們卻可以肯定 30031 除了 1 以外的所有因數（包含「質因數」）一定全都大於 13，因為所有小於或等於 13 的質數都不是 30031 的因數。事實上，$30031 = 59 \cdot 509$，而 59 和 509 都是質數而且確實都大於 13。

要證明質數的個數有無窮多個，其實只要將上述概念一般化就可以了。假設 p 是任意一個質數，我們令

$$N = 2 \cdot 3 \cdot 5 \cdot 7 \cdot 11 \cdots p + 1$$

N 顯然會比 p 大，而且所有小於或等於 p 的質數都不會是 N 的因數。

N 有兩種可能，其一是 N 本身就是一個質數（比 p 大的質數），另一種可能是 N 不是質數，不過它的所有的質因數都比 p 大；不管是哪一種情形，我們都證明了不管 p 有多大，一定有比 p 更大的質數存在，因此質數的個數是無限的。

　　請讀者留意上面的論述重點是要證明有比 p 大的質數「存在」，只要能夠證明其存在就足以說明質數個數的無限，我們並沒有（事實上也不需要）透過實際找出比 p 大的下一個質數或是任何一個比 p 大的質數來說明有比 p 大的質數存在（因此上述證明屬於 nonconstructive proof）。

　　目前(2004 年 10 月)世界上已知的質數中最大的數發現於 2004 年 5 月，其大小為

$$2^{24036583} - 1$$

它總共有 7235733 個位數（十進制）；當然，它絕不是「最大的質數」。

　質數間的間隙

　　上述證明過程巧妙地避開了求出比 p 大的下一個質數或是任何一個比 p 大的質數的問題，因為這是一個相當困難的問題；由於質數在數線上的分布極不規則，因此並沒有一個簡單的「公式」可以讓我們有系統地將不同的值代入來得出一個一個的質數。

　　質數分布的凌亂由質數間的間隙可見一斑；連續兩個質數之間的距離有時大有時小，最小為 1（2 與 3 差 1），有可能為 2（如 71 與 73），或是 4（如 37 與 41），或是 6（如 23 與 29）等；很明顯，相鄰的兩個質數的距離除了一開始的 1 之外全都是偶數，不過最大是多少呢？以下我們將證明，連續兩個質數間的距離可以任意大；說得更明確一點，對任意正整數 n，不管 n 有多大，在數線上一定可以找到連續 n 個整數而且它們每一個都是合數，由此可知一定存在著距離大於 n 的連續兩個質數。

　　以下的證明與歐幾里得的前述作法有密切的關連。首先，假設 p 是所有整數中大於 n 的第一個質數，接著考慮以下連續 n 個整數：

$$2 \cdot 3 \cdot 5 \cdot 7 \cdot 11 \cdots p + 2$$
$$2 \cdot 3 \cdot 5 \cdot 7 \cdot 11 \cdots p + 3$$
$$2 \cdot 3 \cdot 5 \cdot 7 \cdot 11 \cdots p + 4$$
$$\vdots$$
$$2 \cdot 3 \cdot 5 \cdot 7 \cdot 11 \cdots p + (n+1)$$

　　這 n 個數都具有如 $2 \cdot 3 \cdot 5 \cdot 7 \cdot 11 \cdots p + k$ 的形式，其中 $2 \leq k \leq (n+1) \leq p$，因此 k 的所有質因數必定都小於或等於 p，所以 $2 \cdot 3 \cdot 5 \cdot 7 \cdot 11 \cdots p + k$ 必為合數，也就是上面的 n 個連續整數全部都是合數，我們因此證明了有距離大於 n 的連續兩個質數「存在」。

　　這個問題的另一個可能的證明方式是利用

$$(n+1)! + 2, (n+1)! + 3, (n+1)! + 4, \cdots, (n+1)! + (n+1)$$

等 n 個數都是合數（很明顯）來說明有距離大於 n 的連續兩個質數存在。

　　與歐幾里得的證明一樣，我們在上述證明過程中並沒有（也不需要）真的找出符合要求的兩個質數。

等差數列中的質數

　　等差數列 $a, a + d, a + 2d, \cdots$ 中總共包含了多少個質數？這個問題的答案很顯然和 a 與 d 的值有關，例如等差數列 3, 6, 9, 12, 15, 18, ⋯ 中，3 是唯一的質數，而等差數列 2, 5, 8, 11, 14, 17, ⋯ 中的質數個數很明顯較多；有多少個呢？這個問題在西元 1837 年由德國數學

家 Lejeune Dirichlet (1805–1859) 提出了解答，他證明了只要 a 與 d 互質（即 a 與 d 的最大公因數為 1），等差數列 $a, a+d, a+2d, \cdots$ 中必定含有無窮多個質數（此定理通常稱為 Dirichlet 定理）。他的證明方式相當複雜，本文不予討論，不過對某些特殊的 a 與 d 的值所形成的數列，我們卻不難證明其中含有無窮多個質數；以下我們來看兩個例子。

 例題一

求證：等差數列 $2, 5, 8, 11, \cdots$ 中包含了無窮多個質數。

證：

　　整數可以分成三類，一類是能被 3 整除的數，一類是除以 3 餘 1 的數，一類是除以 3 餘 2 的數；題目中的數列即是由所有除以 3 餘 2 的正整數組成。

　　一個除以 3 餘 2 的數一定不會是 3 的倍數；它可能是一個質數，也可能不是質數；如果不是質數，那麼它的質因數一定不會全部都是除以 3 餘 1 的質數（也就是說，它必有至少一個除以 3 餘 2 的質因數），因為兩個除以 3 餘 1 的數相乘的結果除以 3 一定餘 1：

$$(3x+1)(3y+1) = 9xy + 3x + 3y + 1 = 3(3xy + x + y) + 1$$

　　假設 p 是等差數列 $2, 5, 8, 11, \cdots$ 中任意一個大於 2 的質數；我們再次採用與歐幾里得類似的作法，令

$$M = 2 \cdot 3 \cdot 5 \cdot 7 \cdot 11 \cdots p - 1$$

　　由於 M 是 3 的倍數減 1，因此 M 除以 3 一定餘 2。我們還可以肯定所有小於或等於 p 的質數一定都不是 M 的因數。

M 有兩種可能，其一是 M 本身就是一個質數（比 p 大而且除以 3 餘 2 的質數），另一種可能是 M 不是質數，不過它的所有質因數都大於 p；由於 M 一定有除以 3 餘 2 的質因數，因此 M 一定有大於 p 且除以 3 餘 2 的質因數。不管是哪一種情形，我們都證明了不管 p 有多大，在數列 2, 5, 8, 11, ⋯ 中一定有比 p 更大的質數存在，因此該數列中的質數個數是無限的。

 例題二

求證：等差數列 3, 7, 11, 15, ⋯ 中包含了無窮多個質數。

證：

　　題目中的數列是由所有除以 4 餘 3 的正整數組成。一個除以 4 餘 3 的數可能是一個質數，也可能不是質數；如果不是質數，那麼它的質因數一定不會全部都是除以 4 餘 1 的質數（也就是說，它必有至少一個除以 4 餘 3 的質因數），因為兩個除以 4 餘 1 的數相乘的結果除以 4 一定餘 1，不可能餘 3。

　　假設 p 是等差數列 3, 7, 11, 15, ⋯ 中的任意一個質數；我們再次採用與歐幾里得類似的作法，令

$$K = 4(2 \cdot 3 \cdot 5 \cdot 7 \cdot 11 \cdots p) - 1$$

　　由於 K 是 4 的倍數減 1，因此 K 除以 4 一定餘 3。我們還可以肯定所有小於或等於 p 的質數一定都不是 K 的因數。

　　K 有兩種可能，其一是 K 本身就是一個質數（比 p 大而且除以 4 餘 3 的質數），另一種可能是 K 不是質數，不過它的所有質因數都大於 p，因此 K 有大於 p 而且除以 4 餘 3 的質因數；不管是哪一種

情形，我們都證明了不管 p 有多大，在數列 3, 7, 11, 15, … 中一定有比 p 更大的質數存在，因此該數列中的質數個數是無限的。

　　事實上，K 除了設為 $4(2 \cdot 3 \cdot 5 \cdot 7 \cdot 11 \cdots p) - 1$ 之外，還有許多可能，如

$$K = 2(2 \cdot 3 \cdot 5 \cdot 7 \cdot 11 \cdots p) - 1$$
$$K = 4(3 \cdot 5 \cdot 7 \cdot 9 \cdot 11 \cdots p) - 1$$
$$K = 4(3 \cdot 7 \cdot 11 \cdot 15 \cdot 19 \cdots p) - 1$$
$$K = 2(p!) - 1$$

等，也都是可行的。簡單來說，如果某數 A 是 4 的倍數，而且所有不大於 p 且除以 4 餘 3 的質數都是 A 的因數，那麼

$$K = A - 1$$

就可以用於上述證明。

　　讀者不難看出，正整數中有無窮多個質數的性質其實就是 Dirichlet 定理在 $a = d = 1$ 時的特例。

兩個有趣的應用

　　前面幾個證明都利用了相似的觀念來證明某個或某些質數存在的必然性，以下我們再看這個觀念的兩個應用。

應用一：

　　求證：對任意一個大於 2 的整數 n，在 n 與 $n!$ 之間必有質數存在。

　　這個問題只要能抓到關鍵的話其實很容易。對任意大於 2 的整數 n，很顯然所有小於或等於 n 的質數都不會是 $n! - 1$ 的因數，因此

$n! - 1$ 必定有大於 n 的質因數，所以 n 與 $n!$ 之間必有質數存在。

應用二：

　　以下的方法可以用來「製造」出新的質數。假設我們將最小的 n 個質數 $2, 3, 5, \cdots, p_n$ 任意分成兩組，然後將各組中的質數相乘以得出兩個數 A 與 B（如果某一組不含任何質數的話就將其所含質數的乘積當作是 1）。求證：(1)若 $A + B < p_{n+1}^2$，則 $A + B$ 必為質數。(2)若 $|A - B| < p_{n+1}^2$，則 $|A - B|$ 必為質數。

　　舉例來說，如果我們將 2, 3, 5, 7, 11 等最小的五個質數分為 $\{3, 11\}$ 與 $\{2, 5, 7\}$ 兩組，算出 $A = 3 \cdot 11 = 33$ 與 $B = 2 \cdot 5 \cdot 7 = 70$，那麼 $A + B = 103$ 與 $|A - B| = 37$ 的值都小於 $13^2 = 169$，而 103 與 37 確都是質數。如果分成的兩組是 $\{2, 7\}$ 與 $\{3, 5, 11\}$，那麼 $A + B = 14 + 165 = 179$，$|A - B| = 151$，此時只有 151 小於 13^2，而 151 也確實是質數。繼續往下看之前，讀者不妨先想一想原因何在。

　　道理並不難。每一個小於或等於 p_n 的質數一定能而且只能整除 A 與 B 其中之一，因此一定不能整除 $A + B$ 或 $|A - B|$。對 $A + B$ 而言有兩種可能，其一是它本身就是一個質數，另一種可能是它不是質數，不過它的所有質因數（每個合數皆由至少兩個質數相乘而得）都大於 p_n，此時 $A + B$ 的值必定不會小於 p_{n+1}^2，而這種情況已經被題目所述的條件排除了，因此滿足題目限制的 $A + B$ 一定是質數；對 $|A - B|$ 而言情況顯然類似。

 **結語**

「數論」(Number Theory) 是數學的一個分支，專門研究數（尤其是正整數）的性質，在所有數學領域中有最悠久的歷史，可以說是最「純」的數學，常被暱稱為「數學中的皇后」(the Queen of Mathematics)。

與數學的其他領域比較起來，數論的特點之一是它有許多問題看似簡單，其實卻很難；有些問題的題目簡單得連小學生都看得懂，但是卻能讓數學家窮畢生之力都無法解決；最有名的例子當屬費瑪最後定理 (Fermat's Last Theorem) 的證明，這個定理是說方程式 $x^n + y^n = z^n$ 在 n 為大於 2 的整數時沒有正整數解；費瑪 (Pierre de Fermat, 1601–1665) 只簡短地描述了這個性質而沒有提供證明，後世數學家雖然大多相信這個未經證明的「定理」是對的，長久以來卻苦於找不到證明的方法；一直到 1995 年，這個三百多年來困擾了一代又一代頂尖數學家的超級難題才由任教於美國普林斯頓大學的 Andrew Wiles 予以解決。

我們前面曾經證明連續兩個質數之間的距離可以任意大，與質數間的間隙相關的另一個有趣的性質是：對任意正整數 n，在數線上一定可以找到連續 $2n + 1$ 個正整數，這些數中只有位於正中央的數是質數，此質數的前面 n 個數與後面 n 個數都是合數。以下我們將利用 Dirichlet 定理來證明此性質。

對任意正整數 n，我們希望找出某個質數 p 使得 $p \pm 1, p \pm 2, \cdots,$ $p \pm n$ 等 $2n$ 個數全都是合數。假設 q 是任意一個大於 $n + 1$ 的質數

（因此 $q - n \geq 2$）；令

$$a = (q - 1)(q - 2) \cdots (q - n)(q + 1)(q + 2) \cdots (q + n)$$

由於 q 為質數而且 $q > n$，q 與 a 很顯然互質，根據 Dirichlet 定理，等差數列 $a + q, 2a + q, 3a + q, \cdots$ 中必含有無窮多個質數。我們要找的質數 p 其實可以是此數列中的任意一個質數 $p = ma + q$（$m > 0$），因為當 $1 \leq i \leq n$，$p \pm i = ma + (q \pm i)$，而由 a 的定義可知 $q \pm i$ 為 a 的因數，因此 $q \pm i$ 也一定是 $ma + (q \pm i)$（也就是 $p \pm i$）的因數，所以 $p \pm i$ 一定是合數，證明於焉完成。

除了等差數列外，是否還有其他「簡單」的數列也包含著無窮多個質數？舉例來說，由形如 $n^2 + 1$ 的數，或形如 $2^n - 1$ 或 $n! + 1$ 的數形成的數列中是否包含著無窮多個質數？這種看似簡單的問題常很難回答，有些問題到目前為止在學術界還沒有確切的答案。

在 n 與 $n!$ 之間存有質數似乎不足為奇，因為隨著 n 的遞增，$n!$ 增大的速度相當快；當 $n = 3$ 時，$n!$ 為 6，而當 $n = 10$ 時，$n!$ 已經大到 3628800；因此以上對質數落點的預測是相當粗糙的；在 n 與 $n!$ 之間不僅有質數，而且常有數量龐大的質數。

俄國數學家 P. L. Chebyshev (1821–1894) 於西元 1850 年證明了對任意大於 1 的整數 n，在 n 與 $2n$ 之間必有質數存在。對較大的 n 而言，$2n$ 當然比 $n!$ 小得多，因此這是對質數分布較準確的估計，不過其證明方式不同於本文所述的方式。

由於數論所探討的對象是正整數，是最「自然」的數，因此對一般人而言特別容易親近，也特別容易感受其中的美妙。儘管經過了數千年的研究，數論中仍有許多問題長久以來懸而未決，答案僅止於人們的「猜想」(conjectures)；沒有人知道這些謎團最終能不能

被解開，但是我們可以肯定數論一定會持續為現代及未來的數學家及業餘的數學愛好者提供源源不絕的研究題材。

 練習題

1. 證明等差數列 $5, 11, 17, 23, 29, \cdots$ 中包含了無窮多個質數。

2. 證明對任意一個大於 1 的正整數 n 而言，$n^4 + 4$ 必為合數。

3. 證明末四位數為 0003 的質數有無窮多個。

4. 本文的例題二中如果令

$$K = 4(2 \cdot 3 \cdot 5 \cdot 7 \cdot 11 \cdots p) + 3$$

可不可行？

5. 某數列 $a_1, a_2, a_3, \cdots$ 以遞迴的方式定義如下：

$$a_{n+1} = \begin{cases} 2, & n = 0 \\ a_n^2 - a_n + 1, & n > 0 \end{cases}$$

(1)證明此數列中任意兩項皆互質。(2)說明由(1)可得質數個數無限的另一個證明。

6. 假設質數由小而大依序為 $p_1, p_2, p_3, \cdots$，試證：

對任意正整數 n，(1) $p_{n+1} \leq p_1 p_2 \cdots p_n + 1$。(2) $p_n \leq 2^{2^{n-1}}$。

（本文原刊載於《科學教育月刊》第 254 期，原文已作部分修改）

God made the integers, all else is the work of man.

Leopold Kronecker

The total number of Dirichlet's publications is not large: jewels are not weighed on a grocery scale.

Carl Friedrich Gauss

Mathematicians have tried in vain to this day to discover some order in the sequence of prime numbers, and we have reason to believe that it is a mystery into which the human mind will never penetrate.

Leonhard Euler

Work consists of whatever a body is obliged to do, and play consists of whatever a body is not obliged to do.

Mark Twain

完美的數

追求完美是人類的天性。數學家們追求完美的數的歷史已有兩千多年，而且勢將無止盡地追求下去。

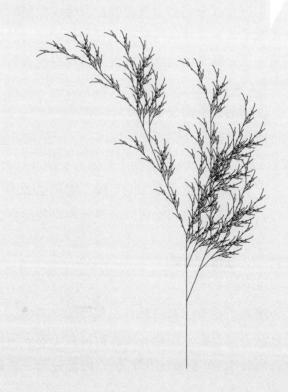

在全部無窮多個整數中，有沒有哪些數算得上是「完美」(perfect) 的數？您可能會覺得這個問題的答案見仁見智，要看每個人對「完美」如何定義而定，不過對數學家而言，哪些數堪稱「完美」卻有公認的標準，一點也不含糊。

完美數

大約與歐幾里得同一個時代（西元前三世紀左右）的希臘數學家發現在全部無窮多個整數中，有極少數整數具有以下特性：將一個數除了本身以外的所有因數相加的結果等於該數本身；他們認為這是一個相當美妙的性質，因此將符合此性質的數稱為「完美數」(perfect numbers)。

最小的完美數是 6，因為 6 的因數有 1、2、3、6 等四個（本文只考慮正整數），而 $1 + 2 + 3 = 6$；下一個完美數是 28，它的真因數有 1、2、4、7、14 等，而 $1 + 2 + 4 + 7 + 14 = 28$。

下一個完美數是多少呢？除了將正整數由小而大一個一個嘗試之外，有沒有什麼方法可以較有效率地找出更多的完美數呢？

因數的和

讓我們看看一個質數有沒有可能同時也是一個完美數。假設 p 是任意一個質數，那麼 p 的因數只有 1 與 p 兩個，除了 p 以外的因數就只有 1，而 1 顯然不等於 p，因此任何一個質數都不可能是完美數。

數學上通常將一個正整數 N 的所有因數（包括本身）的和記作 $\sigma(N)$，因數的個數則記作 $\tau(N)$，因此 $\sigma(6) = 12, \tau(6) = 4$，而 $\sigma(28) = 56, \tau(28) = 6$；當 N 為質數時，$\sigma(N) = 1 + N, \tau(N) = 2$。如果 N 是完美數，$\sigma(N)$ 很顯然會等於 $2N$；反過來說也成立：如果 $\sigma(N) = 2N$，N 一定是完美數。

一個完美數有沒有可能是某個質數的平方，或三次方，或任意整數次方呢？如果 p 是質數，那麼一個形如 p^a 的數除了本身以外還有

$$1, p, p^2, \cdots, p^{a-1}$$

等 a 個因數，由等比級數的求和公式可知這些因數的和為

$$1 + p + p^2 + \cdots + p^{a-1} = \frac{p^a - 1}{p - 1}$$

由於 p 至少為 2（最小的質數），因此分母的 $(p-1)$ 至少為 1，上式等號右邊的分式的值顯然一定小於 p^a，因此一個完美數不可能是某個質數的整數次方（也就是不可能只有一個質因數）。

讓我們試試更複雜一點的數。一個形如 $p^a q^b$（p 與 q 為相異質數）的數有沒有可能是完美數呢？以 $p^2 q^3$ 為例，下表列出了它所有的因數：

1	q	q^2	q^3
p	pq	pq^2	pq^3
p^2	$p^2 q$	$p^2 q^2$	$p^2 q^3$

上表的每個數都可寫為 $p^\alpha q^\beta$ 的形式，其中 $0 \le \alpha \le 2$ 且 $0 \le \beta \le 3$，因此 $p^2 q^3$ 總共有 $(2+1)(3+1) = 12$ 個因數。上表的第二列是將第一列的各數乘以 p 而得，第三列是將第二列的各數乘以 p（也相當於

將第一列的各數乘以 p^2)而得。當我們要將 p^2q^3 的所有因數相加時，由於第一列的四個數的和為 $(1 + q + q^2 + q^3)$，第二列的和為第一列的 p 倍，第三列的和為第一列的 p^2 倍，因此 $N = p^2q^3$ 的所有因數(包括本身) 的和為

$$\sigma(N) = (1 + p + p^2)(1 + q + q^2 + q^3)$$

請注意此時 $\sigma(N) = \sigma(p^2)\sigma(q^3)$。

　　一般而言，如果某數 $N = p^aq^b$ (p 與 q 為相異質數)，那麼它的所有因數的和為

$$\sigma(N) = (1 + p + p^2 + \cdots + p^a)(1 + q + q^2 + \cdots + q^b) = \frac{p^{a+1} - 1}{p - 1} \cdot \frac{q^{b+1} - 1}{q - 1}$$

而且 $\sigma(N) = \sigma(p^a)\sigma(q^b)$。

　　如果 $N = p^aq^br^c$ 呢? 此時前面表中的數全都是 N 的因數，表中所有的數的 r 倍、r^2 倍、⋯⋯、r^c 倍也全都是 N 的因數；因此 N 的所有因數(包括本身)的和為表中的數的和的 $(1 + r + r^2 + \cdots + r^c)$ 倍。

　　一般而言，如果某數 N 經質因數分解得 $N = p^aq^br^c \cdots$，那麼 N 的所有因數 (包括本身) 的和 $\sigma(N)$ 為

$$(1 + p + p^2 + \cdots + p^a) \cdot (1 + q + q^2 + \cdots + q^b) \cdot (1 + r + r^2 + \cdots + r^c) \cdots$$

$$= \frac{p^{a+1} - 1}{p - 1} \cdot \frac{q^{b+1} - 1}{q - 1} \cdot \frac{r^{c+1} - 1}{r - 1} \cdots$$

而且 $\sigma(N) = \sigma(p^a)\sigma(q^b)\sigma(r^c) \cdots$；$N$ 的因數個數 $\tau(N)$ 則等於 $(a + 1)(b + 1)(c + 1) \cdots$。

具特定形式的完美數

考慮具以下形式的數：$N = p \cdot 2^a$，其中的 p 為大於 2 的質數。有了上述討論，我們立即知道 N 的所有因數（包括本身）的和為

$$\sigma(N) = \frac{p^2 - 1}{p - 1} \cdot \frac{2^{a+1} - 1}{2 - 1}$$

如果 N 是完美數，$\sigma(N)$ 一定等於 $2N$，此時

$$\sigma(N) = (p + 1)(2^{a+1} - 1) = 2(p \cdot 2^a) = 2^{a+1}p$$

$$p(2^{a+1} - 1) + (2^{a+1} - 1) = 2^{a+1}p$$

$$p = 2^{a+1} - 1$$

所以如果 $2^{a+1} - 1$ 是質數，$(2^{a+1} - 1)2^a$ 必為完美數。當然，這並不表示如果 $2^{a+1} - 1$ 不是質數，$(2^{a+1} - 1)2^a$ 就一定不是完美數。

形如 $2^{n+1} - 1$ 的數有可能是質數，也有可能不是。從幾個較小的 n 來看：

$n = 1$：$2^{1+1} - 1 = 3$

　　　　$N = 3 \cdot 2^1 = 6$ 一定是完美數；

$n = 2$：$2^{2+1} - 1 = 7$

　　　　$N = 7 \cdot 2^2 = 28$ 一定是完美數；

$n = 3$：$2^{3+1} - 1 = 15$ 不是質數；

$n = 4$：$2^{4+1} - 1 = 31$

　　　　$N = 31 \cdot 2^4 = 496$ 一定是完美數；

$n = 5$：$2^{5+1} - 1 = 63$ 不是質數；

$n = 6$：$2^{6+1} - 1 = 127$

$N = 127 \cdot 2^6 = 8128$ 一定是完美數。

　　利用這個方法，我們的確可以找出一些完美數，不過一個一個嘗試畢竟不方便；所幸對某些 n 而言，我們其實一眼就能看出 $2^{n+1} - 1$ 不是質數。基本上，如果 $n + 1$ 不是質數（例如 $n + 1 = st$，s 與 t 皆大於 1），那麼

$$2^{n+1} - 1 = 2^{st} - 1 = (2^s)^t - 1$$

由因式分解得

$$(2^s)^t - 1 = (2^s - 1)((2^s)^{t-1} + \cdots + 2^s + 1)$$

此數顯然不是質數。因此只有當 $n + 1$ 為質數時，$2^{n+1} - 1$ 才有可能是質數；我們如果要利用上述方式繼續找出更多完美數，並不需要嘗試 $n = 7, 8, 9$ 的情形（因為 $n + 1 = 8, 9, 10$ 都不是質數）；$n = 6$ 之後下一個值得一試的 n 是 10（因為 $n + 1 = 11$ 為質數），再下一個是 12，再下一個是 16 等。另外，形如 $(2^{n+1} - 1)2^n$ 的完美數顯然全都是偶數（都是「偶完美數」）。

　　隨著 n 的增大，$2^{n+1} - 1$ 的大小增加得非常快（注意 n 是位於指數），因此即使我們只針對會使得 $n + 1$ 為質數的 n 來判斷 $2^{n+1} - 1$ 是否為質數，這項工作所涉及的計算還是很快就會趨於複雜，形如 $(2^{n+1} - 1)2^n$ 的完美數其實只有最前面幾個較容易被找到，這是為什麼在歐幾里得的時代所知的完美數只有 6, 28, 496, 8128 等四個，而儘管又過了兩千多年，在廿世紀電腦發明之前已知的完美數才又增加了 8 個而已（這讓這少數幾個完美數顯得彌足珍貴而益發「完美」）。

　　形如 $(2^{n+1} - 1)2^n$ 的完美數是否有無窮多個？這個問題的答案到目前為止還沒有人知道；另一個尚待解決的難題是「有沒有任何一

個完美數是奇數?」目前已知的完美數全為偶數,而且全都具有上述 $(2^{n+1}-1)2^n$ 的形式。下面這個問題早就有答案了:「是否所有的偶完美數一定具有 $(2^{n+1}-1)2^n$ 的形式?」答案出人意料地竟然是肯定的!以下我們介紹大數學家尤拉 (Leonhard Euler, 1707–1783) 對這個問題的證明。

 ## 尤拉的證明

假設 N 是任意一個偶數,N 必可寫為 $2^n u$ 的形式,其中的 u 為奇數且 $n \geq 1$。N 的所有因數的和為

$$\sigma(N) = \sigma(2^n)\sigma(u) = (2^{n+1}-1)\sigma(u)$$

如果 N 為完美數,$\sigma(N)$ 一定會等於 $2N$,也就是說,

$$(2^{n+1}-1)\sigma(u) = 2 \cdot 2^n u = 2^{n+1}u$$
$$= 2^{n+1}u - u + u$$
$$= (2^{n+1}-1)u + u$$
$$(2^{n+1}-1)(\sigma(u)-u) = u$$

由上式可知等號左邊的 $\sigma(u)-u$ 一定是右邊的 u 的因數,但 $\sigma(u)-u$ 同時也是 u 除了本身以外的所有因數的和,唯一的可能是 u 除了本身以外的因數只有一個,也就是 1 (任何整數一定有一個因數為1),此時 u 為質數而且 $u = 2^{n+1}-1$。因此任何偶完美數一定具有 $(2^{n+1}-1)2^n$ 的形式,而且其中的 $2^{n+1}-1$ 一定是質數。

上述證明在尤拉去世後才發表出來,晚年的尤拉很可能不靠紙跟筆,閉著眼睛就想出來了 (尤拉去世前雙眼失明長達十餘年)。

幾個有趣的性質 ....

以下是幾個與完美數有關的性質。

性質一：

　　除了最小的 6 之外，其他每個偶完美數都滿足以下性質：將一個偶完美數的各個位數相加，再將結果的各個位數相加，如此重複直到剩下一個阿拉伯數字為止，此數字必為 1。舉例來說，496 為偶完美數，而 $4+9+6 = 19, 1+9 = 10, 1+0 = 1$。

　　要說明原因，首先注意由於 $4 (= 2^2)$ 除以 3 的餘數為 1，因此 4 的任意正整數次方（也就是 2 的任意正偶數次方）除以 3 的餘數必定是 1。

　　每個偶完美數都具有 $(2^{n+1} - 1)2^n$ 的形式，其中的 $n+1$ 為質數，因此 $n+1$ 可能的值除了 2 之外全為奇數。當 $n+1$ 為奇數時，n 為偶數，因此存在某個整數 k 使得

$$2^n = 3k + 1$$

等號兩邊同時乘以 2，得

$$2^{n+1} = 6k + 2$$
$$2^{n+1} - 1 = 6k + 1$$

因此

$$(2^{n+1} - 1)2^n = (6k + 1)(3k + 1)$$
$$= 18k^2 + 9k + 1$$

所以 $(2^{n+1} - 1)2^n$ 除以 9 的餘數為 1。由於任何數除以 9 的餘數必定會等於原數的各個位數的和除以 9 的餘數（見第 16 篇），因此上述

除了 6 以外的偶完美數都滿足的性質成立的原因就很明顯了。

　　為什麼第一個偶完美數 6 較特殊呢？因為 $6 = (2^{1+1} - 1)2^1$，此時的 $n + 1$ 為 2，是唯一不是奇數的質數。

性質二：

　　每個偶完美數的個位數必為 6 或 8。

　　原因同樣不難理解。每個偶完美數都具有 $(2^{n+1} - 1)2^n$ 的形式，其中的 $n + 1$ 為質數；我們先考慮 $n + 1 > 2$ 的情形，此時 $n + 1$ 為奇數，一定可以寫為 $4k + 1$ 或 $4k + 3$ 的形式。

　　如果 $n + 1 = 4k + 1$ $(k \geq 1)$，那麼

$$N = (2^{n+1} - 1)2^n = (2^{4k+1} - 1)2^{4k}$$
$$= (2 \cdot 16^k - 1) \cdot 16^k$$

由於 16^k 的個位數一定是 6（很明顯），因此 $2 \cdot 16^k - 1$ 的個位數一定是 1，此時完美數 N 的個位數為 6。

　　如果 $n + 1 = 4k + 3$ $(k \geq 0)$，那麼

$$N = (2^{n+1} - 1)2^n = (2^{4k+3} - 1)2^{4k+2}$$
$$= (8 \cdot 16^k - 1) \cdot 4 \cdot 16^k$$

其中 $8 \cdot 16^k - 1$ 的個位數一定是 7，$4 \cdot 16^k$ 的個位數一定是 4，因此 N 的個位數為 8。

　　當 $n + 1 = 2$ 時對應到最小的完美數 6，同樣滿足此性質；因此每個偶完美數的個位數必為 6 或 8。

性質三：

　　每個偶完美數的所有因數的倒數之和必定等於 2。例如 6 與 28 為偶完美數，而

$$\frac{1}{1} + \frac{1}{2} + \frac{1}{3} + \frac{1}{6} = 2$$

$$\frac{1}{1} + \frac{1}{2} + \frac{1}{4} + \frac{1}{7} + \frac{1}{14} + \frac{1}{28} = 2$$

性質四：

每個偶完美數 $(2^{n+1} - 1)2^n$ 都是由 1 開始的連續 $2^{n+1} - 1$ 個正整數的和。由此可知每個偶完美數都是所謂的「三角數」（triangular number，見下一篇）。例如：

$$6 = 1 + 2 + 3$$

$$28 = 1 + 2 + 3 + 4 + 5 + 6 + 7$$

性質五：

除了 6 之外的每個偶完美數 $(2^{n+1} - 1)2^n$ 都是由 1 開始的連續 $2^{n/2}$ 個正奇數的三次方的和。例如：

$n = 2$：　$28 = 1^3 + 3^3$

$n = 4$：　$496 = 1^3 + 3^3 + 5^3 + 7^3$

$n = 6$：　$8128 = 1^3 + 3^3 + 5^3 + 7^3 + 9^3 + 11^3 + 13^3 + 15^3$

以上三個性質不難由讀者自行加以證明。最後我們來看一個與 $\sigma(N)$ 和 $\tau(N)$ 有關的性質。

性質六：

對任意正整數 N 而言，如果 $\sigma(N)$ 是質數，則 $\tau(N)$ 必為質數。

我們前面已經看過，如果 N 可質因數分解為 $N = p^a q^b r^c \cdots$，則

$$\sigma(N) = \sigma(p^a)\sigma(q^b)\sigma(r^c) \cdots$$

因此如果 $\sigma(N)$ 是質數，N 一定只有一個質因數，也就是說，N 一定是形如 p^a 的數；這樣的 N 的所有因數之和為

$$\sigma(N) = \frac{p^{a+1} - 1}{p - 1}$$

N 的因數個數則是 $\tau(N) = a + 1$。

要證明性質六，我們接下來只須證明「若 $(p^{a+1} - 1)/(p - 1)$ 為質數，則 $a + 1$ 為質數」即可，這又相當於證明「若 $a + 1$ 不是質數，則 $(p^{a+1} - 1)/(p - 1)$ 必不是質數」。

如果 $a + 1$ 不是質數，那麼必定存在正整數 s 與 t（皆大於 1）使得 $a + 1 = st$，此時

$$\frac{p^{a+1} - 1}{p - 1} = \frac{p^{st} - 1}{p - 1} = \left(\frac{(p^s)^t - 1}{p^s - 1} \right) \cdot \left(\frac{p^s - 1}{p - 1} \right)$$

必是兩個分別都大於 1 的整數的乘積；因此如果 $a + 1$ 不是質數，$(p^{a+1} - 1)/(p - 1)$ 也必定不是質數。

結語

一個可表為 $2^p - 1$ 且其中的 p 為質數的數通常稱為梅森數 (Mersenne numbers)，記作 M_p，因法國數學家（也是一位傳教士）Marin Mersenne (1588–1648) 而得名。

當然，M_p 未必是質數，例如：

$$M_{11} = 2^{11} - 1 = 2047 = 23 \cdot 89$$
$$M_{23} = 2^{23} - 1 = 8388607 = 47 \cdot 178481$$

即不是質數；當 M_p 為質數時，這種質數稱為梅森質數 (Mersenne primes)；世界上已知的最大質數常是梅森質數。由本文可知，每一個梅森質數都對應到一個偶完美數，因此每發現一個新的梅森質數

就同時發現了一個新的偶完美數。

前面已經提過，隨著 n 的增大，$(2^{n+1}-1)2^n$ 增加得相當快，因此儘管現代電腦的計算能力日新月異，在尋找新的梅森質數方面也確實提供了相當大的幫助，但是新的梅森質數（及偶完美數）並沒有因為有了電腦的幫助而可以輕易地被找出來；到 2004 年 10 月為止，世界上已知的偶完美數只有寥寥 41 個。

下表統計了從歐幾里得的時代（約西元前三世紀）至今所找到的梅森質數的個數，其中從 1952 年開始的梅森質數都是由電腦幫忙找到的：

發現年代	個數
?～約 300 B.C.	4
約 300 B.C.～1951	8
1952～1961	8
1962～1971	4
1972～1981	3
1982～1991	4
1992～2004	10

目前已知的梅森質數中最大的數為 $2^{24036583}-1$，因此已知的最大偶完美數為 $(2^{24036583}-1)2^{24036582}$。

與完美數相關的研究在數學的發展史上曾經是相當熱門的領域，許多大數學家（如費瑪與尤拉）曾經在研究完美數的過程中發現新的定理及證明技巧，其中某些發現（如費瑪的小定理及尤拉對質數分布的分析等）對現代數論的發展有著深遠的影響。

世界上到底有沒有奇完美數呢？這個歷史悠久的難題從歐幾里得的年代延宕至今依然得不到確切的答案，不過經過了這麼多年的

研究，數學家已經整理出一些任何一個奇完美數（如果存在的話）一定會具備的性質，例如：它一定會大於 10^{300}，它一定會有大於 10^{20} 的質因數，它一定會有至少八個不同的質因數等。

　　除了奇完美數的個數外，偶完美數是否有無窮多個？梅森數中是否有無窮多個合數？這許多與完美數有關的問題目前「暫時」還沒有解答；它們正挑戰著現代的數學家，而且很可能將持續挑戰未來的數學家。

　　讓我們期盼在我們有生之年看得到這些問題能有「完美」的結局。

 練習題

1. 找出所有擁有正好 30 個因數同時本身也是 30 的倍數的正整數。
2. 試證：若 a 與 b 互質，則 $\sigma(ab) = \sigma(a)\sigma(b)$。
3. 試證：若某偶完美數的個位數為 8，則其末兩位數必為 28。
4. 說明為什麼每個偶完美數表示成二進位數後由左而右一定是連續一些 1 緊接著連續一些 0，其中 1 的個數為質數，而 0 的個數則比 1 少一個。
5. 試證：十進制中由連續 91 個數字 1 排列而成的數不是質數。
6. 數列 1, 6, 15, 28, 45, 66, … 所含的數稱為「六角數」(hexagonal number)；圖 19–1 說明了六角數名稱的由來：

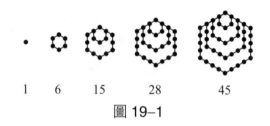

$$1 \qquad 6 \qquad 15 \qquad 28 \qquad 45$$

圖 19-1

試證：每個偶完美數都是六角數。

（本文原刊載於《科學教育月刊》第 258 期，原文已作部分修改）

20

多角數

由一些小石頭不難在地上排出簡單的
幾何圖形；本篇探討的是構成不同大小及
形狀的圖形所需的石頭數。該沒有人能抱
怨這樣的數學太過抽象了吧？

　　您玩過保齡球或撞球嗎?保齡球比賽在每一格開始時會有 10 支球瓶被排成一個三角形,撞球比賽則常在開球前將 15 顆球擺入一個三角形的框架內;10 與 15 都是數學上所謂的「三角數」(triangular numbers);圖 20–1 顯示了三角數名稱的由來:

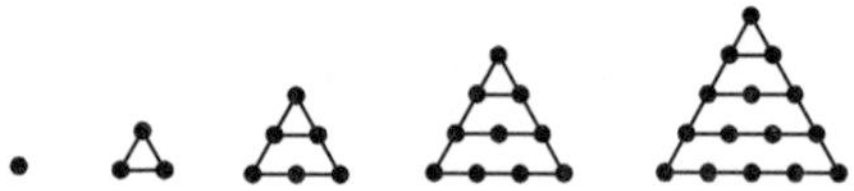

$$1 \quad 3 \quad 6 \quad 10 \quad 15$$

圖 20–1

　　如果將正整數中所有的三角數由小而大依序排列,那麼第一個三角數是 1,而 10 與 15 分別為第四與第五個三角數。如果第 n 個三角數為 t_n,由上圖不難看出當 $n>1$ 時,t_n 與 t_{n-1} 滿足遞迴關係 $t_n = t_{n-1} + n$,而且 t_n 的一般式為

$$t_n = 1 + 2 + 3 + \cdots + n = \frac{n(n+1)}{2}$$

　　用小黑點除了可以排出三角形外,當然也能排出其他多邊形;圖 20–2 顯示了四角數(即平方數,square numbers)名稱的由來:

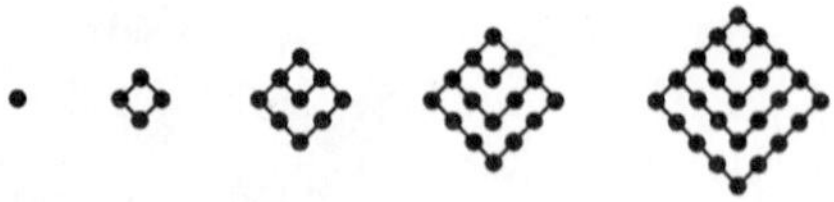

$$1 \quad 4 \quad 9 \quad 16 \quad 25$$

圖 20–2

　　如同三角數般,每個平方數也可以寫成某個等差級數的和;由圖 20–3 不難看出第 n 個平方數 s_n 就是最小的 n 個正奇數的和:

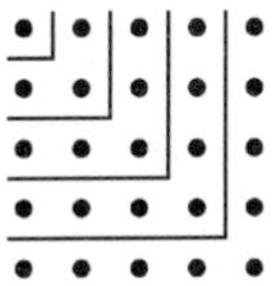

圖 20-3 $s_n=1+3+5+\cdots+(2n-1)=n^2$

依此類推，數列 1, 5, 12, 22, 35, … 所含的數稱為「五角數」(pentagonal numbers)：

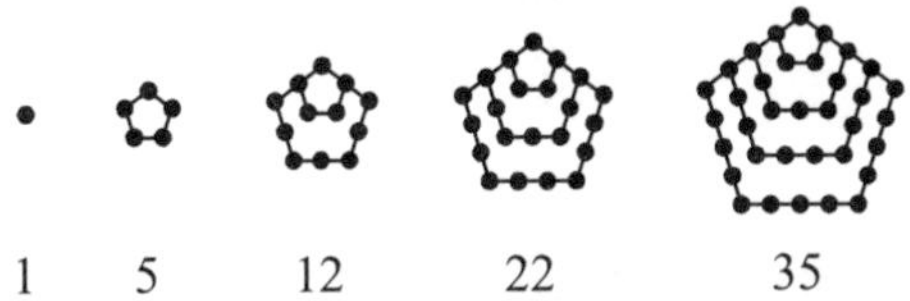

圖 20-4

而每個五角數 p_n 都可以寫成公差為 3 的等差級數的和：

$$p_n = 1 + 4 + 7 + \cdots + (3n - 2) = \frac{n(3n - 1)}{2}$$

數列 1, 6, 15, 28, 45, … 所含的數稱為「六角數」(hexagonal numbers)：

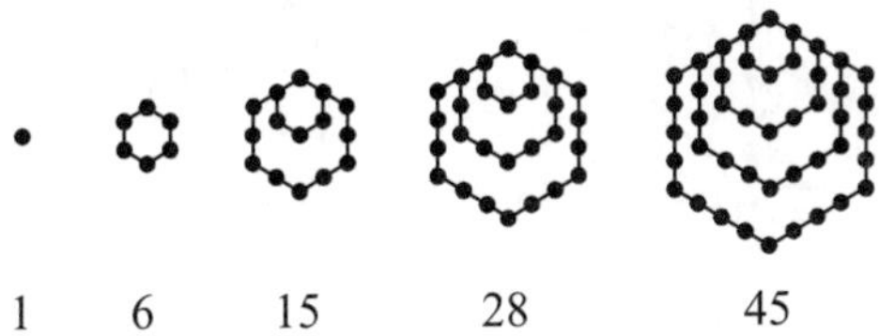

圖 20-5

而每個六角數 h_n 都可以寫成公差為 4 的等差級數的和：

$$h_n = 1 + 5 + 9 + \cdots + (4n - 3) = \frac{n(4n - 2)}{2}$$

　　除了上面提到的幾種數外，當然還可以有「七角數」、「八角數」、……等。一般而言，如果我們將第 n 個「m 角數」記作 P_n^m（因此 $t_n = P_n^3$, $s_n = P_n^4$ 等），那麼 P_n^m 可以寫成一個首項為 1 且公差為 $m - 2$ 的等差級數的和（總共有 n 項相加）：

$$P_n^m = 1 + (m - 1) + \cdots + [1 + (n - 1)(m - 2)]$$
$$= \frac{n}{2}[(n - 1)(m - 2) + 2]$$

　　所有這些與多邊形有關的數在數學上統稱為「多角數」（polygonal numbers）。

與多角數有關的恆等式

　　以下介紹幾個與多角數有關的恆等式；這些恆等式成立的原因不難由圖形看出，但當然也都可以用代數的方式直接證明。

(1) $t_n + t_{n-1} = s_n$, $s_n + t_{n-1} = p_n$

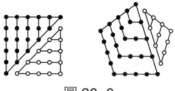

圖 20-6

　　一般而言，$P_n^{m-1} + t_{n-1} = P_n^m$。

(2) $n + 3t_{n-1} = p_n$, $n + 4t_{n-1} = h_n$

圖 20-7

一般而言，$n + (m-2)t_{n-1} = P_n^m$。

(3) $8t_n + 1 = s_{2n+1}$

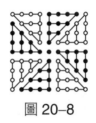

圖 20-8

由此式可知任何一個奇數的平方除以 8 的餘數必為 1，這個性質被數學家 Richard Guy 稱作數論中的「定理〇」(Theorem 0)，對研究數論的人而言算是「常識」。

看了以上幾個例子，讀者不難看出與多角數有關的恆等式其實不勝枚舉，您不難自己「發明」。以下是兩個較不明顯的關係：

(4)每個大於 1 的整數的四次方（即平方數的平方）都可以寫為兩個三角數的和，例如：

$$2^4 = 16 \quad = 1 \quad + 15 \quad = t_1 + t_5$$
$$3^4 = 81 \quad = 15 + 66 \quad = t_5 + t_{11}$$
$$4^4 = 256 = 66 + 190 = t_{11} + t_{19}$$

$$5^4 = 625 \quad = 190 + 435 \quad = t_{19} + t_{29}$$

$$6^4 = 1296 = 435 + 861 \quad = t_{29} + t_{41}$$

$$7^4 = 2401 = 861 + 1540 = t_{41} + t_{55}$$

(5)三角數 1, 3, 6 的和等於另一個三角數 10，因此 $t_1 + t_2 + t_3 = t_4$。類似的關係有無窮多個：

$$t_1 + t_2 + t_3 = t_4$$

$$t_5 + t_6 + t_7 + t_8 = t_9 + t_{10}$$

$$t_{11} + t_{12} + t_{13} + t_{14} + t_{15} = t_{16} + t_{17} + t_{18}$$

$$t_{19} + t_{20} + t_{21} + t_{22} + t_{23} + t_{24} = t_{25} + t_{26} + t_{27} + t_{28}$$

$$\cdots \qquad\qquad \cdots$$

三角數中的平方數

在全部無窮多個正整數中，哪些數既是三角數又是平方數？這樣的數顯然存在，1 即為一例。我們想要問：此種數的個數是有限個或是無限個？有沒有方法可以有系統地將這些數全部找出來？

令人出乎意料，這個問題竟與 $\sqrt{2}$ 的近似值有密切的關聯。首先，我們將 $\sqrt{2}$ 表為連分數 (continued fraction)：

$$\sqrt{2} = 1 + (\sqrt{2} - 1) = 1 + \frac{1}{1 + \sqrt{2}} = 1 + \cfrac{1}{1 + \left(1 + \cfrac{1}{1 + \sqrt{2}}\right)}$$

$$= 1 + \cfrac{1}{2 + \cfrac{1}{2 + \cfrac{1}{2 + \ddots}}}$$

以連分數計算 $\sqrt{2}$ 的值時，如果我們在某個階段將還沒算的部分捨棄，可得 $\sqrt{2}$ 的一個近似值，例如

$$1 + \frac{1}{2} = \frac{3}{2}, \ 1 + \frac{1}{2+\frac{1}{2}} = \frac{7}{5}, \ 1 + \frac{1}{2+\frac{1}{2+\frac{1}{2}}} = \frac{17}{12}$$

等；由這些近似值形成了如下的數列：

$$\frac{1}{1}, \frac{3}{2}, \frac{7}{5}, \frac{17}{12}, \frac{41}{29}, \frac{99}{70}, \frac{239}{169}, \frac{577}{408}, \dots$$

此數列越後面的項越接近 $\sqrt{2}$，因此它們的平方越來越接近 2：

$$\frac{1}{1}, \frac{9}{4}, \frac{49}{25}, \frac{289}{144}, \frac{1681}{841}, \frac{9801}{4900}, \frac{57121}{28561}, \dots$$

請注意上面這些分數的分子都與分母的兩倍差 1，其中的奇數項（也就是第一、三、五、……項）的分子都比分母的兩倍少 1，而偶數項（也就是第二、四、六、……項）的分子都比分母的兩倍多 1。如果我們將分母與分子分別記作 x^2 與 y^2，那麼上面的數列的偶數項都滿足

$$\frac{y^2 - 1}{x^2} = 2, \ 即 \ 2x^2 = y^2 - 1$$

事實上，數列

$$\frac{y}{x} = \frac{3}{2}, \frac{17}{12}, \frac{99}{70}, \frac{577}{408}, \dots$$

包含了方程式 $2x^2 = y^2 - 1$ 的所有正整數解。

這個性質與多角數有什麼關係呢？我們的目標是找出既是三角數又是平方數的數，也就是希望找到正整數 i 與 j 使得 $s_i = t_j$，即

$$i^2 = \frac{j(j+1)}{2}$$

$$2i^2 = j^2 + j$$

將等號左右兩邊同時乘以 4，得

$$8i^2 = 4j^2 + 4j + 1 - 1$$

$$2(2i)^2 = (2j+1)^2 - 1$$

如果我們令 $x = 2i$ 且 $y = 2j + 1$，上式就成了

$$2x^2 = y^2 - 1$$

我們已經知道其解為

$$(x, y) = (2, 3), (12, 17), (70, 99), (408, 577), \cdots$$

因此我們要找的 i 與 j 為

$$(i, j) = (1, 1), (6, 8), (35, 49), (204, 288), \cdots$$

所以既是三角數又是平方數的數為 $1^2, 6^2, 35^2, 204^2, \cdots$，這種數有無窮多個。

　　細心的讀者也許已經注意到，在上述 $\sqrt{2}$ 的近似值所形成的數列中，除了第一項外，其餘的每一項的分母都是前一項的分子與分母之和，而每一項的分子都是該項的分母與前一項的分母之和；例如 17/12 的下一項的分母為 $17 + 12 = 29$，分子則是 $29 + 12 = 41$。利用這個性質請讀者自行證明：既是三角數又是平方數的數其實也就是上述 $\sqrt{2}$ 的近似值所形成的數列中的每一項的分母與分子乘積的平方，即 $(1 \cdot 1)^2, (2 \cdot 3)^2, (5 \cdot 7)^2, (12 \cdot 17)^2, \cdots$ 等。

勾股問題

　　三邊邊長皆為正整數的直角三角形中，哪些三角形的勾與股（即夾直角的兩邊）的長度之差為 1？

假設 $a, a+1, b$ 為直角三角形的三邊，其中的 b 為斜邊，根據畢氏定理，

$$a^2 + (a+1)^2 = b^2$$
$$2a^2 + 2a + 1 = b^2$$
$$(2a+1)^2 = 2b^2 - 1$$

將等號兩邊同時加上 $(2a+1)^2 - 4b(2a+1) + 2b^2$，得

$$2(2a+1)^2 - 4b(2a+1) + 2b^2 = (2a+1)^2 - 4b(2a+1) + 4b^2 - 1$$
$$2(2a+1-b)^2 = (2a+1-2b)^2 - 1$$

如果我們令 $x = 2a+1-b$ 且 $y = 2b-2a-1$，那麼 x 與 y 都大於 0（為什麼?），而且上式又成了 $2x^2 = y^2 - 1$ 的形式。由

$$\begin{cases} x = 2a+1-b \\ y = 2b-2a-1 \end{cases} \quad 可解得 \quad \begin{cases} a = (2x+y-1)/2 \\ b = x+y \end{cases}$$

其中

$$(x, y) = (2, 3), (12, 17), (70, 99), (408, 577), \cdots$$

由此可得勾與股差 1 的直角三角形的三邊為

$$(a, a+1, b) = (3, 4, 5), (20, 21, 29), (119, 120, 169),$$
$$(696, 697, 985), (4059, 4060, 5741), \cdots$$

同樣地，這種三角形也有無窮多個。

分石頭問題

將 11 顆小石頭分成兩堆，每堆至少一顆，然後將分成的兩堆所含的石頭數相乘，乘積記作 a_1；接著將含有不只一顆石頭的任意一堆再分成兩堆，將分成的兩堆所含的石頭數的乘積記作 a_2；此步驟

一直重複到每堆石頭都只剩一顆為止（因此總共分了 10 次，石頭被分成了 11 堆），如圖 20-9：

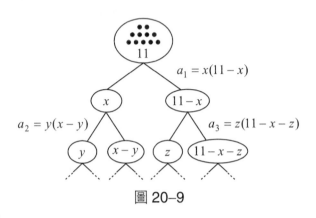

圖 20-9

假設 $s = a_1 + a_2 + a_3 + \cdots + a_{10}$。請問：如何分石頭可使得 s 有最大值？

只要稍微試驗一下，讀者其實不難「猜」到答案。例如如果分石頭的過程如下：

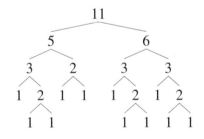

那麼

$$s = 5 \cdot 6 + 3 \cdot 2 + 3 \cdot 3 + 3(2 \cdot 1) + 4(1 \cdot 1) = 55$$

而如果過程如下：

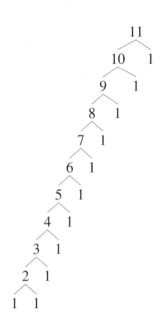

則
$$s = 10 + 9 + 8 + 7 + 6 + 5 + 4 + 3 + 2 + 1 = 55$$

兩種分法所得的 s 值相等，令人不禁懷疑 s 的值是否與分石頭的過程無關；以下我們將證明的確是如此。

我們想要證明不管石頭如何分，s 的值都是 55（即 t_{10}，第 10 個三角數），這可以透過證明 $s + 11 = t_{11}$ 來達成，也就是證明

$$a_1 + a_2 + a_3 + \cdots + a_{10} + 11 = t_{11}$$

以圖形的觀點來說，我們希望證明一個由 t_{11} 顆石頭組成的三角形一定可以由各自包含了 $a_1, a_2, a_3, \cdots, a_{10}$ 顆石頭的十個區域與另外 11 顆石頭共同組成。

圖 20–10 顯示了一個由 t_{11} 顆石頭組成的三角形：

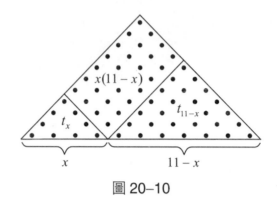

圖 20–10

當分了第一次後，假設分成的兩堆石頭分別含有 x 顆與 $11-x$ 顆，由圖 20–10 可知

$$t_{11} = x(11-x) + t_x + t_{11-x}$$
$$= a_1 + t_x + t_{11-x}$$

因此三角數 t_{11} 等於 a_1 與另外兩個較小的三角數的和；依此類推，如果 $x>1$，t_x 又可寫為 a_2 與另外兩個較小的三角數的和：

$$t_{11} = a_1 + (a_2 + t_y + t_{x-y}) + t_{11-x}$$

很明顯，對任意一個大於 1 的三角數，我們必能將它分解成 a_i 與兩個較小的三角數的和，這個過程可以持續到所有的三角數都是 1（上圖最底層的 11 顆石頭）為止，此時

$$t_{11} = \underbrace{a_1 + a_2 + \cdots + a_{10}}_{s} + \underbrace{1 + 1 + \cdots + 1}_{11}$$

因此，不管石頭如何分，

$$s = a_1 + a_2 + \cdots + a_{10} = 55$$

恆成立。

一般而言，如果一開始的石頭有 n 顆，那麼 s 的值必等於 t_{n-1}，

這可用數學歸納法加以證明。

結語

　　數學上將用小黑點排成的幾何圖形所含的點數通稱為「圖形數」（figurate numbers），排成的圖形除了可以是本文中的平面上的多邊形（點數為多角數）外，也可以是空間中的多面體（這時的小黑點成了「小黑球」），甚至可以拓展到更高的維數。

　　多角數的研究可遠溯到畢達哥拉斯的年代，雖然多角數有許多性質相當淺顯，但是也不乏艱深的研究題材，例如數學家 Pierre de Fermat 在西元 1638 年就提出了一個很難證明的猜想：任何一個正整數一定可以用一個、兩個、或三個（即頂多只須三個）三角數的和來表示，若用平方數的話最多只須四個，若用五角數的話最多只須五個等；一般而言，任何一個正整數一定可以寫成不超過 m 個 m 角數的和。

　　除了他有名的最後定理外，這是 Fermat 的另一個他「宣稱」知道怎麼證明卻沒留下證明的例子；其後的一百多年間許多歷史上赫赫有名的數學家都曾經試圖證明此性質；Gauss 與 Legendre 證明出三角數的情形，Euler 想要挑戰平方數的情形卻沒有成功，平方數的證明是由 Lagrange 與 Jacobi 分別完成（西元 1772 年），而最具一般性的情形則是由 Cauchy 於西元 1813 年完成，距離 Fermat 提出此問題的時間已隔了 175 年之久。

　　數學中當真處處有驚奇；看似平凡的多角數也自有其不凡之處。

練習題

1. 試證：(1) 49, 4489, 444889, 44448889, … 全是平方數。(2) 21, 2211, 222111, … 全是三角數。(3)九進位數中的 1, 11, 111, 1111, … 全是三角數。

2. 由圖形的觀點說明：(1) $9t_n + 1$ 必為三角數。(2) $3t_n + t_{n+1} = t_{2n+1}$。

3. 用小黑點除了可排出多角數外，還可排出「中心多角數」(centered polygonal numbers)；下面是幾個例子：

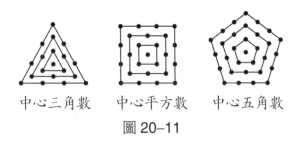

中心三角數　　中心平方數　　中心五角數

圖 20–11

試求出第 n 個「中心 m 角數」的一般式。

4. 證明 $x^2 + y^2 - 8z = 6$ 沒有整數解。

5. 證明當 k 為奇數且 n 為正整數，$k^{2^n} - 1$ 必為 2^{n+2} 的倍數。

6. 試證：(1) $t_n \cdot t_{n+1}$ 不可能是平方數。(2)對任意 n，必存在 m 使得 $t_n \cdot t_m$ 為平方數。

7. 試證：(1)任何一個平方數除以 8 的餘數必為 0, 1, 4 之一。(2)等差數列 7, 15, 23, … 中的數都不能寫成三個（或更少個）平方數的和（提示：利用本題的(1)）。

8.本文的分石頭問題中曾提及將 11 顆石頭持續分到每堆石頭都只剩一顆為止的兩種不同的分法；一般而言，將 n 顆石頭持續分到每堆石頭都只剩一顆為止總共有幾種分法？以 $n=3$ 為例，總共有以下兩種分法：

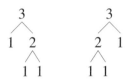

9.本文的分石頭問題中，如果每次都將一堆石頭分成三堆，三堆所含的石頭數若為 x, y, z 則將 a_i 記作 $xy+yz+zx$，如果某堆石頭只剩兩顆則允許分成的三堆中有一堆是空的；此過程一直持續到每堆石頭都只剩一顆或是空的為止。如果

$$s = a_1 + a_2 + a_3 + \cdots$$

請問：這時候的 s 是否仍與分石頭的過程無關？

The so-called Pythagoreans, who were the first to take up mathematics, not only advanced this subject, but saturated with it, they fancied that the principles of mathematics were the principles of all things.

Aristotle, *Metaphysica 1–5*

If I am given a formula, and I am ignorant of its meaning, it cannot teach me anything; but if I already know it, what does the formula teach me?

St. Augustine, *De Magistro*

There are many questions which fools can ask that wise men cannot answer.

George Pólya

What we know is not much. What we do not know is immense.

Pierre-Simon de Laplace

21

同餘與模算術

　　所有的偶數除以 2 的餘數都是 0，因此所有的偶數除以 2 後有「相同的餘數」。同餘的概念雖然簡單卻很有用，學過之後您將輕鬆擁有處理某些數字問題的「超能力」。

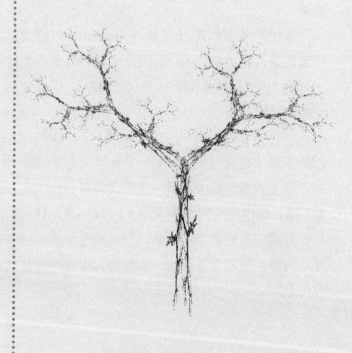

　　假設今天是星期四，再過一天當然是星期五，兩天之後則為星期六，請問：1000 天之後是星期幾？

　　這是一個簡單的問題。由於一個禮拜有七天，因此七天之後必為星期四，14 天、21 天、28 天、……之後也都是星期四；由於 1000除以 7 的餘數為 6，因此 1000 天之後一定是某個星期四的六天之後，也就是星期三。

　　再看另一個例子：某艘太空船於某天傍晚六點發射升空，於幾天後的某天早上九點返回地表；幾個月之後此太空船於某天凌晨兩點再度發射升空。如果此太空船的第二次升空在空中停留的時間長短與上一次相同，那麼它再度回到地表的時間是早上或是下午的幾點鐘？

　　這個問題也不難。如果將一天的 24 小時看成是由 0 點至 23 點，那麼傍晚六點相當於 18 點，因此太空船的第一次升空在空中總共待了 $(24k + 9 - 18)$ 個小時（k 為某正整數），所以第二次升空回到地表的時間一定是凌晨兩點的 $(24k + 9 - 18)$ 個小時之後；由於

$$2 + (24k + 9 - 18) = 24k - 7 = 24(k - 1) + 17$$

因此第二次返回地表的時間一定是某天的 17 點，也就是傍晚五點。

　　以上兩個問題中，第一個問題的關鍵在求出 1000 除以 7 的餘數，第二個問題的關鍵在求出 $2 + (24k + 9 - 18)$ 除以 24 的餘數；這兩個問題的重點都是在餘數，至於商是多少則無關緊要。數學上，「求餘數」是相當重要的一個運算，本文將對其基本應用作一概略性的介紹。

同餘的定義

假設 a, b, m 都是整數；如果 $a - b$ 是 m 的整數倍，數學上常將 a 與 b 的關係記作

$$a \equiv b \pmod{m}$$

其中的 m 稱為「模」(modulus)；我們將上面的式子讀作「a 與 b 對模 m 而言同餘」(a and b are congruent modulo m)。

舉例來說，17 與 52 對模 7 而言同餘（記作 $17 \equiv 52 \pmod{7}$），因為 17 與 52 之差為 7 的倍數（不論是 35 或是 -35 都是 7 的倍數）；請留意此時 17 與 52 除以 7 的餘數相同（都等於 3），這是「同餘」名稱的由來。讀者不難檢驗以下兩個式子也都是成立的：

$$21 \equiv 0 \pmod{3}$$
$$399 \equiv -1 \pmod{100}$$

如果 $a - b$ 是 m 的倍數，$a - b$ 必定也是 $-m$ 的倍數，反之亦然，因此 $a \equiv b \pmod{m}$ 若且唯若 $a \equiv b \pmod{-m}$；我們通常將模限定為非負整數。

 ## 模算術 (Modular Arithmetic)

同餘的記號 ($\equiv$) 在形狀上與一般算術運算式中的等號 (=) 很像，「同餘式」與「等式」在許多方面也相當類似。

舉例來說，如果

$$a \equiv b \pmod{m} \text{ 且 } c \equiv d \pmod{m}$$

那麼以下三個式子一定都成立:

$$a + c \equiv b + d \pmod{m}$$
$$a - c \equiv b - d \pmod{m}$$
$$ac \equiv bd \pmod{m}$$

它們的證明都不難。以第一個式子為例,由已知條件可知存在整數 s 與 t 使得

$$a = b + sm \text{ 且 } c = d + tm$$

因此

$$a + c = (b + d) + m(s + t)$$

所以 $a + c$ 與 $b + d$ 之差為 m 的倍數,也就是它們對模 m 而言同餘;其他兩個式子的證明也類似。由第三個式子我們又可推知如果 a 與 b 對模 m 而言同餘,下式對任意正整數 n 一定成立:

$$a^n \equiv b^n \pmod{m}$$

雖然以上對同餘式兩邊所作的加、減、乘等算術運算看似平常,不過要將兩邊同時除以一個數時必須特別小心。如果 $k \neq 0$ 且

$$ak \equiv bk \pmod{m}$$

我們並不能像一般等式一樣直接將兩邊的 k 消掉(只有當 $\gcd(k, m) = 1$ 時方可如此);事實上,讀者不難自行證明:

$$ak \equiv bk \pmod{m} \text{ 若且唯若 } a \equiv b \pmod{\frac{m}{\gcd(k, m)}}$$

舉例來說,$6 \equiv 12 \pmod 2$ 而且 2 與 3 互質,因此我們可以將上式兩邊的 3 約掉而得 $2 \equiv 4 \pmod 2$,但是我們不能由上式導出 $3 \equiv 6 \pmod 2$(此式顯然是錯的),因為 $\gcd(2, 2) = 2 \neq 1$。

和同餘式有關的另一個重要性質是:如果 k 是 m 的因數而且

$a \equiv b \pmod{m}$，那麼 $a \equiv b \pmod{k}$；道理很簡單，因為當 $a - b$ 是 m 的倍數，$a - b$ 必定也是 k 的倍數。

求餘數方面的應用

例題一

求出 2^{90} 除以 11 的餘數。

解：

對模 11 而言，

$$2^{90} \equiv 4^{45} \equiv 4 \cdot 4^{44} \equiv 4 \cdot 16^{22} \equiv 4 \cdot 5^{22} \text{（因為 } 16 \equiv 5\text{）}$$
$$\equiv 4 \cdot 25^{11} \equiv 4 \cdot 3^{11} \equiv 12 \cdot 3^{10} \equiv 9^5 \equiv 9 \cdot 9^4$$
$$\equiv 9 \cdot 81^2 \equiv 9 \cdot 4^2 \equiv 9 \cdot 5 \equiv 45 \equiv 1$$

因此 2^{90} 除以 11 的餘數一定是 1。

由上面的例子讀者不難體會到模算術的「威力」。2^{90} 是一個相當大的數，如果打算先將 2^{90} 的值算出來然後再將其除以 11 求餘數，理論上雖然可行，實際做起來不僅計算量相當龐大而且很容易出錯（尤其如果沒有電腦或其他工具輔助的話）；有了模算術的觀念後，即使只靠紙跟筆，我們都能輕鬆地在短時間之內將此問題解決。

例題二

求證：對任意正整數 n，$3^{2n+1} + 2^{n+2}$ 必為 7 的倍數。

證:

　　對模 7 而言，

$$3^{2n+1} + 2^{n+2} \equiv 3(3^2)^n + 4 \cdot 2^n \equiv 3 \cdot 2^n + 4 \cdot 2^n$$
$$\equiv 2^n(3+4) \equiv 2^n \cdot 0 \equiv 0$$

因此 $3^{2n+1} + 2^{n+2}$ 一定是 7 的倍數。

　　剛看到這個題目，許多讀者想到的方法可能是數學歸納法（不妨一試），不過利用同餘的觀念我們可以作得更快而且更漂亮。

例題三

求出所有會使得 $2^n + 1$ 是 3 的倍數的正整數 n。

解:

　　n 須滿足

$$2^n + 1 \equiv 0 \pmod{3}$$
$$2^n \equiv -1 \pmod{3}$$
$$(-1)^n \equiv -1 \pmod{3}$$

　　因此 $2^n + 1$ 是 3 的倍數若且唯若 n 為正奇數。一般而言，對任意正整數 m 及正奇數 n，$(m-1)^n + 1$ 必定是 m 的倍數。

例題四

求證: 一個數字和為 15 的整數（如 816，$8 + 1 + 6 = 15$）不可能是一個完全平方數。

證：

對任意正整數 n，
$$n \equiv 0, \pm 1, \pm 2, \pm 3, \pm 4 \pmod 9$$
$$n^2 \equiv 0, 1, 4, 7 \pmod 9$$

因此，n^2 的數字和除以 9 的餘數只有 0, 1, 4, 7 等四種可能（見第 16 篇），然而 $15 \equiv 6 \pmod 9$，因此一個數字和為 15 的數不可能是一個完全平方數。

例題五

求出 9^{9^9} 的末兩個阿拉伯數字。

解：

一個數的末兩位數就是該數除以 100 的餘數。由例題三可知 $9^9 \equiv -1 \equiv 9 \pmod{10}$，因此存在正整數 n 使得 $9^9 = 10n + 9$。

由二項式定理將 $(10-1)^9$ 展開得
$$(10-1)^9 = 10^9 - C_1^9 10^8 + \cdots + C_8^9 \cdot 10 - 1$$
其中除了最後兩項之外的每一項都是 100 的倍數，因此
$$9^9 \equiv 9 \cdot 10 - 1 \equiv 89 \pmod{100}$$
$$9^{10} \equiv 9 \cdot 89 \equiv 1 \pmod{100}$$
所以對模 100 而言，
$$9^{9^9} \equiv 9^{10n+9} \equiv \left(9^{10}\right)^n \cdot 9^9 \equiv 89$$
所求的末兩位數為 8 和 9。

例題六

求證：對任意四個整數 a, b, c, d 而言，

$$P = (a-b)(a-c)(a-d)(b-c)(b-d)(c-d)$$

一定是 12 的倍數。

證：

我們先證明 P 一定是 4 的倍數。由於任何整數除以 4 的餘數有 0, 1, 2, 3 四種可能，因此我們可以將所有的整數依除以 4 的餘數是多少分成四類。如果 a, b, c, d 當中有某兩數屬於同一類（即除以 4 的餘數相同），此兩數的差必是 4 的倍數，因此 P 將是 4 的倍數。如果 a, b, c, d 當中沒有任何兩數屬於同一類，那麼它們除以 4 的餘數必為 0, 1, 2, 3 四數，因此 a, b, c, d 當中有兩個奇數及兩個偶數；由於兩個奇數之差與兩個偶數之差都是偶數，此時的 P 也必定是 4 的倍數。

接著我們證明 P 一定是 3 的倍數。任何整數除以 3 的餘數有 0, 1, 2 三種可能，根據鴿籠原理，a, b, c, d 四數中必有某兩數除以 3 的餘數相同，而此兩數之差必是 3 的倍數，因此 P 是 3 的倍數。

由於 P 既是 4 的倍數又是 3 的倍數，P 一定是 12 的倍數。

重複的字尾

五位數 85222 的最後三個位數都是 2，177 的結尾則有兩個 7；以下我們將利用同餘的觀念來解決兩個與整數的重複字尾有關的問

題。

例題一

一個正整數的平方（即完全平方數）的字尾最多可以重複多少個不是 0 的數字？

解：

我們先看看哪些阿拉伯數字可以作為一個完全平方數的個位數（也就是除以 10 的餘數）。對任意正整數 n，

$$n \equiv 0, \pm 1, \pm 2, \pm 3, \pm 4, 5 \pmod{10}$$

因此

$$n^2 \equiv 0, 1, 4, 9, 6, 5 \pmod{10}$$

所以一個平方數的個位數不可能是 2, 3, 7, 8；由於本題不考慮字尾為 0 的情形，因此我們只須考慮個位數為 1, 4, 5, 6, 9 的平方數。

n 有奇數與偶數兩種可能。當 n 為偶數，n^2 一定是 4 的倍數；當 n 為奇數，n^2 除以 4 一定餘 1（由 $(2k+1)^2$ 展開可知），因此

$$n^2 \equiv 0, 1 \pmod{4}$$

一個末兩位數為 11 的數除以 4 的餘數必為 3，因此一個平方數的末兩位數不可能是 11。同理，一個平方數的末兩位數也不可能是 55, 99（除以 4 餘 3）或 66（除以 4 餘 2）；因此一個平方數的結尾如果有重複的數字，這個數字只可能是 4。我們剩下的問題是：一個平方數結尾的 4 最多可以重複幾次？

我們知道至少可以重複兩次，因為 $12^2 = 144$ 是我們熟悉的平方數。有可能重複四次嗎？如果我們將 n 表為 $100x + y$，其中的 y 是 n

的末兩位數，那麼當 n^2 的結尾有四個 4 時，下式將成立：

$$(100x + y)^2 \equiv 4444 \ (\text{mod } 10000)$$

從而

$$(200x + y)y \equiv 4444 \ (\text{mod } 10000)$$

y 顯然必是偶數，因為 4444 與 10000 都是偶數；如果 $y = 2z$，那麼

$$4(100x + z)z \equiv 4444 \ (\text{mod } 10000)$$

$$(100x + z)z \equiv 1111 \ (\text{mod } 2500)$$

$$(100x + z)z \equiv 1111 \ (\text{mod } 4)$$

因此 $z^2 \equiv 3 \ (\text{mod } 4)$，但這是不可能的（如前所述，平方數除以 4 的餘數只可能是 0 或 1），因此一個平方數的末四位不可能全是 4。

　　有沒有可能有三個 4 呢？答案是肯定的，其中最小的數為 $1444 = 38^2$。

例題二

某數列 $a_1, a_2, a_3, \cdots$ 以遞迴的方式定義如下：

$$a_n = \begin{cases} 9, & n = 0 \\ 3a_{n-1}^4 + 4a_{n-1}^3, & n > 0 \end{cases}$$

求證：對任意非負整數 n，a_n 的最後 2^n 個數字都是 9。

證：

　　我們只要能證明對任意非負整數 n，

$$a_n \equiv -1 \ (\text{mod } 10^{2^n})$$

即可；這項工作可由數學歸納法完成。

　　首先，當 $n = 0$ 時，$a_0 = 9$，此時 a_0 的結尾的確有 $2^0 = 1$ 個 9。接

著假設所要證明的性質對某個非負整數 n 而言成立，也就是存在整數 k 使得

$$a_n = 10^{2^n} k - 1$$

那麼

$$a_{n+1} = 3a_n^4 + 4a_n^3 = a_n^3(3a_n + 4)$$
$$= (10^{2^n} k - 1)^3 (3\,(10^{2^n} k - 1) + 4)$$

對模 $10^{2^{n+1}} (= 10^{2 \cdot 2^n})$ 而言，

$$a_{n+1} \equiv (3 \cdot 10^{2^n} k - 1)\,(3 \cdot 10^{2^n} k + 1)$$
$$\equiv 9 \cdot 10^{2 \cdot 2^n} k^2 - 1 \equiv -1$$

也就是說，a_{n+1} 的結尾有 2^{n+1} 個 9，因此根據數學歸納法得證：對任意非負整數 n，a_n 的最後 2^n 個數字全都是 9。

在不定方程的應用

同餘的觀念對解決與不定方程有關的許多問題（例如求出某方程式所有的解或是證明某方程式無解或有無窮多解等)相當有幫助；以下我們看幾個例子。

例題一

求出 $2^n + 7 = x^2$ 的所有整數解。

解：

n 不可能是負數或 0，因此 $2^n + 7$ 一定是奇數，等號右邊的 x 一

定也是奇數；又由於任何奇數的平方除以 4 一定餘 1，因此

$$2^n + 7 \equiv 1 \pmod 4$$

$$2^n \equiv 2 \pmod 4$$

n 顯然只可能是 1，此時 $x = \pm 3$；除此之外再無其他可能。

例題二

證明 $2003 = x^2 + y^2$ 沒有整數解。

證：

由於

$$x^2 \equiv 0, 1 \pmod 4$$

$$y^2 \equiv 0, 1 \pmod 4$$

因此

$$x^2 + y^2 \equiv 0, 1, 2 \pmod 4$$

但是 2003 除以 4 的餘數卻是 3，所以方程式不可能有解。

例題三

求出 $2^m - 3^n = 1$ 的所有正整數解。

解：

$3^2 \equiv 1 \pmod 8$，因此對任意正整數 k，

$$3^{2k} \equiv 1 \pmod 8 \text{ 且 } 3^{2k+1} \equiv 3 \pmod 8$$

換句話說，對任意正整數 n，$3^n + 1 \equiv 2, 4 \pmod 8$；然而對所有大於

2 的正整數 m 而言，$2^m \equiv 0 \pmod 8$，因此方程式 $2^m = 3^n + 1$ 只可能在 $m \leq 2$ 時有解。

當 $m = 1$，$2 = 3^n + 1$ 顯然沒有正整數解；當 $m = 2$，由 $2^2 = 3^n + 1$ 得 $n = 1$，因此 $(m, n) = (2, 1)$ 是 $2^m - 3^n = 1$ 唯一的一組正整數解。

例題四

求出 $5^x \cdot 7^y + 4 = 3^z$ 的所有非負整數解。

解：

由於等號左邊至少是 4，因此 z 不為 0，等號兩邊一定都是 3 的倍數。

對模 3 而言，$3^z \equiv 0$，因此
$$5^x \cdot 7^y + 4 \equiv (-1)^x \cdot 1^y + 1 \equiv 0 \pmod 3$$
我們推知 x 一定是正奇數。

對模 5 而言，
$$5^x \cdot 7^y + 4 \equiv 4 \equiv 3^z \pmod 5$$
如果我們分別計算 $3^1, 3^2, 3^3, \cdots$ 除以 5 的餘數，所得的數列為 3, 4, 2, 1, 3, 4, 2, 1, $\cdots$，每四個數一個循環，因此 $z \equiv 2 \pmod 4$，z 可能的值為 $\{2, 6, 10, 14, 18, \cdots\}$。

如果 z 等於 2，$5^x \cdot 7^y$ 將等於 5，由此可得方程式的一組解：$(x, y, z) = (1, 0, 2)$。

如果 $z > 2$，z 可寫為 $2k\ (k > 1)$，此時
$$5^x \cdot 7^y = 3^{2k} - 4 = (3^k - 2)(3^k + 2)$$
等號右邊的兩數之差為 4，因此這兩數不可能同時是 5 的倍數或同

時是 7 的倍數；有可能其中一個等於 5^x 而另一個等於 7^y（x 與 y 皆大於 0），或者其中一個等於 $5^x \cdot 7^y$ 而另一個等於 1。

如果兩數的其中一個等於 $5^x \cdot 7^y$ 而另一個等於 1，$3^k - 2$ 與 $3^k + 2$ 兩數中一定是較小的 $3^k - 2$ 等於 1，但是這樣一來 $k = 1$，與 $k > 1$ 矛盾。

如果 $3^k - 2$ 與 $3^k + 2$ 之中有一個等於 5^x 而另一個等於 7^y，那麼存在正整數 x 與 y 使得 5^x 與 7^y 之差為 4；以下我們將說明這是不可能的。

x 顯然一定大於 1，因為當 x 等於 1 時，$5^1 - 4$ 與 $5^1 + 4$ 都不是 7 的正整數次方。當 $x \geq 2$，5^x 的末兩位一定是 25；如果 5^x 與 7^y 之差為 4，7^y 的末兩位一定是 21 或 29，但是對任意正整數 y 而言，

$$7^y \equiv 7, 49, 43, 1 \pmod{100}$$

因此，$(x, y, z) = (1, 0, 2)$ 是 $5^x \cdot 7^y + 4 = 3^z$ 唯一的一組非負整數解。

猴子與椰子

有五個人和一隻猴子一起被困在一座荒島上。某天，這五人辛苦地從島上各處收集到 n 粒椰子，打算隔天一早大家將椰子平分。

半夜裡，其中一人因為不信任其他同伴而悄悄起身來到椰子堆旁，他為了要安撫猴子而將一粒椰子丟給猴子，並發覺剩下的椰子數剛好可以平分成五份；這個人將屬於自己的一份搬到一個隱密的地方藏好後才安心地回去睡覺。

過了不久，另一個人也起來了，他做了和第一個人相同的事：

將一粒椰子丟給猴子，剩下的椰子也剛好可以分成五等份，他也將其中一份搬到隱密的地方藏好後才回去睡覺。不止這兩個人如此，其他三人也都在半夜裡陸續偷偷爬起來做了相同的事。

　　隔天早上，當這五個人一起來到椰子堆旁邊時，他們發覺剩下的椰子剛好可以分成五等份。

　　請問：n 最小是多少？

　　這是一個有名的問題，英文常稱作 the Monkey and Coconuts problem。為了書寫方便，我們令 $A = 4/5$，那麼第一個人留下的椰子數為 $A(n-1)$，第二個人留下的椰子數為

$$A(A(n-1)-1) = A^2(n-1) - A$$

第三個人留下的椰子數為

$$A(A^2(n-1)-A-1) = A^3(n-1) - A^2 - A$$

第四個人留下的椰子數為

$$A^4(n-1) - A^3 - A^2 - A$$

最後一人留下的椰子數為

$$A^5(n-1) - A^4 - A^3 - A^2 - A$$
$$= A^5(n-1) - \frac{A^5 - A}{A-1}$$
$$= A^5\left(n - 1 - \frac{1}{A-1}\right) + \frac{A}{A-1}$$

由題意知此數須為 5 的倍數；由 $A = 4/5$ 得

$$\left(\frac{4}{5}\right)^5 (n+4) - 4 \equiv 0 \pmod 5$$
$$\left(\frac{-1}{5}\right)^5 (n+4) \equiv -1 \pmod 5$$

$$\frac{n+4}{5^5} \equiv 1 \pmod 5$$

因此

$$\frac{n+4}{5^5} = 5k+1, \quad 即\ n = 5^5(5k+1) - 4$$

其中的 k 可以是任何不會使得 $n < 0$ 的整數，因此當 $k = 0$ 時 n 有最小值：

$$n = 5^5 - 4 = 3121$$

也就是說，一開始的椰子數最少為 3121 粒。

 結語

同餘式與等式在許多方面類似其實並不足為奇，因為等式可以說是同餘式在模為 0 時的特例；當 $a \equiv b \pmod 0$，$a - b$ 為 0 的倍數，也就是 0，因此 $a = b$。

同餘的記號是大數學家高斯 (C. F. Gauss, 1777–1855) 的發明，從西元 1801 年問世以來陸續為數論引入了相當多新的定理；其基本概念雖然簡單卻很有用，是解決數論方面的問題相當基本的工具。

 練習題

1. 試證：如果 a 與 b 為已知整數且對任意正整數 m, $ax + b \equiv 0 \pmod m$ 都有解，那麼方程式 $ax + b = 0$ 一定有整數解。

2. 分別求出以下兩數的末兩個數字：

(1) 2^{10000}　　(2) $9^{9^{9^9}}$

3. 證明 $1599 = x_1^4 + x_2^4 + x_3^4 + \cdots + x_{14}^4$ 沒有整數解。

4. 求出 $3^m - 2^n = 1$ 的所有正整數解。

5. 證明 $6 \cdot 8^n = a^3 + b^3$ 沒有整數解。

6. 下面這個數是 7 的倍數：

$$888 \cdots 88A999 \cdots 99$$

其中的 A 是某個阿拉伯數字，A 的前面及後面分別有 50 個 8 及 50 個 9。請問 A 是多少？

7. 假設當 n 為奇數時，我們定義 $n!!$ 等於 $n(n-2)(n-4) \cdots 3 \cdot 1$，當 n 為偶數時則定義 $n!!$ 等於 $n(n-2)(n-4) \cdots 4 \cdot 2$。試證：$2001!! + 2002!!$ 是 2003 的倍數。

8. 以下是本文椰子與猴子問題的幾個變形，請分別求出最初的椰子數的最小值。

   (1) 島上有四人而非五人。

   (2) 猴子有兩隻，因此每個人在半夜各丟了兩粒椰子給猴子。

   (3) 隔天早上這五人要分椰子時，發覺還是須先丟一粒椰子給猴子，剩下的椰子才可分成五等分。

（本文原刊載於《科學教育月刊》第 261 期，原文已作部分修改）

Mathematical discoveries, small or great, are never born of spontaneous generation. They always presuppose a soil seeded with preliminary knowledge and well prepared by labour, both conscious and subconscious.

Jules Henri Poincaré

Life is good for only two things, discovering mathematics and teaching mathematics.

Siméon Denis Poisson

The past is but the beginning of a beginning, and all that is and has been is but the twilight of the dawn.

H. G. Wells

More significant mathematical work has been done in the latter-half of this century than in all previous centuries combined.

John Casti, *Five Golden Rules*

部分習題的答案或提示

第 1 篇   1. 19   8. 每條可能的切割線（總共有 10 條）所切割的瓷磚數必為偶數

第 2 篇   4. 定義新函數 $g(n) = (3^n + 1)f(n)$

第 3 篇   1. 107 個   5. $a_1 = 3, a_2 = 7, a_n = 2a_{n-1} + a_{n-2}\ (n > 2)$

第 5 篇   3. $C(n, 4) + C(n - 1, 2)$

第 7 篇   6. 提示：

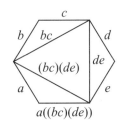

第 9 篇   2. 費氏數列 (Fibonacci numbers)

第 12 篇   1. 黃金比 (golden ratio)   2.(1) 1 (2) 63/256 (3) 7/256（此問題可轉化成如第 8 篇的路徑問題）(4) 無窮大   3.(1) 約為 0.06 (2) 1

第 13 篇   4. 提示：以列為單位著色   5. 不可能

第 14 篇   1.(1) 16 步 (2) 七次   3. 六次   5. 四個

第 17 篇   3. 87 個

第 18 篇   5.(1) 提示：$a_n^2 - a_n = a_n(a_n - 1)$

第 19 篇   1. 720, 1200, 1620, 4050, 7500, 11250

第 20 篇   4. 提示：利用文中提到的「定理〇」   8. Catalan numbers

第 21 篇   3. 以 16 為模   6. 5   8.(1) 765 粒 (2) 6242 粒 (3) 15621 粒

參考書目

1. J. A. Anderson, *Discrete Mathematics with Combinatorics*, 2nd ed., Prentice-Hall, 2004.

2. V. K. Balakrishnan, *Introductory Discrete Mathematics*, Dover, 1996.

3. A. H. Beiler, *Recreations in the Theory of Numbers*, Dover, 1966.

4. K. P. Bogart, *Introductory Combinatorics*, 3rd ed., Academic Press, 2000.

5. J. H. Conway and R. K. Guy, *The Book of Numbers*, Springer, 1996.

6. T. H. Cormen, C. E. Leiserson, R. L. Rivest, and C. Stein, *Introduction to Algorithms*, 2nd ed., MIT, 2001.

7. J. A. Dossey, A. D. Otto, L. E. Spence, and C. Vanden Eynden, *Discrete Mathematics*, 4th ed., Addison-Wesley, 2002.

8. C. Vanden Eynden, *Elementary Number Theory*, 2nd ed., McGraw-Hill, 2001.

9. S. S. Epp, *Discrete Mathematics with Applications*, 2nd ed., Brooks/Cole, 1995.

10. J. L. Gersting, *Mathematical Structures for Computer Science*, 4th ed., W. H. Freeman, 1998.

11. S. W. Golomb, *Polyominoes*, Princeton, 1994.

12. R. L. Graham, D. E. Knuth, and O. Patashnik, *Concrete Mathematics*, 2nd ed., Addison-Wesley, 1994.

13. R. P. Grimaldi, *Discrete and Combinatorial Mathematics*, 4th ed., Addison-Wesley, 1999.

14. G. H. Hardy and E. M. Wright, *An Introduction to the Theory of Numbers*, 5th ed., Oxford, 1979.

15. J. L. Hein, *Discrete Mathematics*, Jones and Bartlett, 1996.

16. R. Hirschfelder and J. Hirschfelder, *Introduction to Discrete Mathematics*, Brooks/Cole, 1990.

17. R. V. Hogg and A. T. Craig, *Introduction to Mathematical Statistics*, 4th ed., Macmillan, 1978.

18. R. Honsberger, *More Mathematical Morsels*, MAA, 1991.

19. R. Johnsonbaugh, *Discrete Mathematics*, 5th ed., Prentice-Hall, 2001.

20. L. C. Larson, *Problem-Solving Through Problems*, Springer, 1983.

21. W. J. LeVeque, *Elementary Theory of Numbers*, Dover, 1990.

22. C. L. Liu, *Elements of Discrete Mathematics*, 2nd ed., McGraw-Hill, 1998.

23. U. Manber, *Introduction to Algorithms: A Creative Approach*, Addison-Wesley, 1989.

24. P. L. Meyer, *Introductory Probability and Statistical Applications*, 2nd ed., Addison-Wesley, 1980.

25. F. Mosteller, R. E. K. Rourke, and G. B. Thomas, Jr., *Probability with Statistical Applications*, Addison-Wesley, 1961.

26. I. Niven, H. S. Zuckerman, and H. L. Montgomery, *An Introduction to the Theory of Numbers*, 5th ed., John Wiley & Sons, 1991.

27. K. H. Rosen, *Elementary Number Theory and Its Applications*, 4th ed., Addison-Wesley, 2000.

28. W. W. Rouse Ball and H. S. M. Coxeter, *Mathematical Recreations and Essays*, 13th ed., Dover, 1987.

29. E. R. Scheinerman, *Mathematics: A Discrete Introduction*, Brooks/Cole, 2000.

30. J. J. Tattersall, *Elementary Number Theory in Nine Chapters*, Cambridge, 1999.

31. A. Tucker, *Applied Combinatorics*, 4th ed., John Wiley & Sons, 2002.

32. S. Washburn, T. Marlowe, and C. T. Ryan, *Discrete Mathematics*, Addison-Wesley, 2000.

◎ 數學的發現趣談　蔡聰明／著

　　如果你不知道一個定理（或公式）是怎樣發現的，那麼你對它並沒有真正的了解，因為真正的了解必須從邏輯因果掌握到創造的心理因果。一個定理的誕生，基本上跟一粒種子在適當的土壤、風雨、陽光、氣候…之下，發芽長成一棵樹，再開花結果，並沒有兩樣。雖然莎士比亞說得妙：「如果你能洞穿時間的種子，知道哪一粒會發芽，哪一粒不會，那麼請你告訴我吧！」但是，本書仍然嘗試儘可能呈現這整個的生長過程。最後，請不要忘記欣賞和品味花果的美麗！

◎ 數學拾貝　蔡聰明／著

　　本書乃延續前一本書《數學的發現趣談》之旨趣，將作者多年來所寫的文章收集在一起，希望對讀者學習數學有幫助。

　　數學的求知活動有兩個階段，發現與證明，並且是先有發現，然後才有證明。在本書中，我們強調發現的思考過程，這是作者心目中的「建構式的數學」，會涉及數學史、科學哲學、文化思想背景……這些會更有趣！

◎ 兩極紀實　　位夢華／著

　　本書收錄了作者 1982 年在南極和 1991 年獨闖北極時所寫下的科學散文和考察隨筆。作者除了生動地描寫了企鵝的可愛、北冰洋的嚴酷、南極大陸的暴風、愛斯基摩人的風情之外，還有他對人類與生物、社會與自然、中國與世界、現在與未來的思考和感悟。

◎ 天涯縱橫　　位夢華／著

　　作者以兩極考察和研究為基礎，透過其獨特的視角，建構了此書的理論與想像，先將讀者帶入那冰天雪地無比奇幻的世界裡，然後從那裡出發，進一步思考環境、生態、人文、科學、海洋、陸地、生物、人類等問題，兼具感性與理性，包容科學與文學，以詼諧而深切的筆調，帶領讀者遨遊於天地間，巡視於地球之上，發人深思。

◎ 海客述奇——中國人眼中的維多利亞科學

吳以義／著

　　毓阿羅奇格爾家定司、羅亞爾阿伯色爾法多里……，這些文字究竟代表的是什麼意思——是人名？是地名？還是中國古老的咒語？本書以清末讀書人的觀點，為您剖析維多利亞科學這隻洪水猛獸，對當時沉睡的中國巨龍所帶來的衝擊與震撼！

◎ 另一種鼓聲——科學筆記　高涌泉／著

你可能聽過從一粒砂看世界，但你知道嗎——從一個方程式可以看全宇宙！

◆什麼是「熱力學第二定律」？為什麼有人說它和莎士比亞作品一樣，是每個人必備的知識？

◆你知道古今第一奇書是什麼嗎？它對於牛頓與愛因斯坦有什麼樣的啟發呢？

◆愛因斯坦是個科學天才，但他說自己曾犯了一個「最大的愚蠢錯誤」，這到底是怎麼一回事啊？

◆真理的確可能出現在流行的方向上，但是萬一真理是在另一個方向……誰會去找到它呢？有時候，我們是不是也該聽聽「另一種鼓聲」呢？